TECHNIK, WIRTSCHAFT und POLITIK 52

Schriftenreihe des Fraunhofer-Instituts
für Systemtechnik und Innovationsforschung ISI

T0214766

Monika Herrchen · Edelgard Gruber

Ökotoxikologie-Forschung

Bilanzierung der Ergebnisse
des BMBF-Förderschwerpunkts

Unter Mitarbeit von
Eberhard Böhm, Udo Hommen, Werner Klein,
Martin Müller und Andrea Wenzel

Mit 26 Abbildungen und 6 Tabellen

Physica-Verlag
Ein Unternehmen des Springer-Verlags

Dr. Monika Herrchen
Dr. Udo Hommen
Professor Dr. Werner Klein
Dr. Martin Müller
Dr. Andrea Wenzel
Fraunhofer IME
Institut für Molekularbiologie
und Angewandte Ökologie
Am Aberg 1
57392 Schmallenberg
http://www.ime.fraunhofer.de

Dipl.-Soz. Edelgard Gruber
Dr. Eberhard Böhm
Fraunhofer ISI
Institut für Systemtechnik
und Innovationsforschung
Breslauer Straße 48
76139 Karlsruhe
http://www.isi.fraunhofer.de

ISSN 1431-9659
ISBN 3-7908-0035-X Physica-Verlag Heidelberg

Bibliografische Information Der Deutschen Bibliothek
Die Deutsche Bibliothek verzeichnet diese Publikation in der Deutschen Nationalbibliografie; detaillierte
bibliografische Daten sind im Internet über <http://dnb.ddb.de> abrufbar.

Physica-Verlag Heidelberg
ein Unternehmen der BertelsmannSpringer Science+Business Media GmbH

© Physica-Verlag Heidelberg 2003
Printed in Germany

Umschlaggestaltung: Erich Kirchner, Heidelberg

SPIN 10912997   88/3130-5 4 3 2 1 0 – Gedruckt auf säurefreiem Papier

Vorwort

Die Ökotoxikologie hat sich, anders als andere Disziplinen, nicht aus wissenschaftlichen Fragestellungen heraus entwickelt – sie ist vielmehr aus aktuellem Bedarf im Zusammenhang mit vorgesehenen Stoffgesetzgebungen entstanden. Dies heißt jedoch nicht, dass es zuvor keine ökotoxikologischen Untersuchungen zu Vorkommen, Verbleib und Wirkung von Chemikalien gegeben hätte, aber eine gezielte und zunächst nur angewandte Aufgabenstellung erfolgte erst Mitte der siebziger Jahre bei der Vorbereitung der Chemikaliengesetzgebung. Diese Ausgangslage bedingte im Laufe der Entwicklung eine konzeptionell ungewöhnliche Ausdehnung und Anpassung der Inhalte der Ökotoxikologie an wissenschaftliche Kriterien und ökologische Fragestellungen. Da eine von allen Zielgruppen gemeinsam getragene, anerkannte Plattform für die Ökotoxikologie fehlte, erfolgte die Entwicklung nicht einheitlich und es resultierte eine Vielzahl von Begriffsdefinitionen mit leicht modifizierten Inhalten. Dieses Dilemma ist bis heute nicht vollständig aufgelöst, obwohl in jüngster Zeit beträchtliche Fortschritte erzielt wurden.

Das Bundesforschungsministerium hat sehr frühzeitig nach Erkennung des Bedarfs ökotoxikologischer Forschung zwei aufeinander folgende systematische Programme mit Förderschwerpunkten zu ökotoxikologischen Testmethoden und – bereits mit ökologisch orientierten Inhalten – zu Indikatoren aufgelegt. Aufgrund der sehr heterogenen Entwicklung der Ökotoxikologie sind darauf folgend zahlreiche Einzel- und Verbundvorhaben innerhalb des Förderschwerpunktes „Ökotoxikologie" bearbeitet worden.

Für die vorliegende Abhandlung wurden schwerpunktmäßig die Vorhaben des Zeitraums 1990 bis 2000 ausgewertet. Zu den wesentlichen Arbeitsschritten gehörte die Erstellung einer Datenbank mit allen Projekten zwecks Einordnung in eine Systematik. Im Anschluss daran wurden typische Projekte aus den einzelnen Projektfamilien ausgewählt und in Fallstudien detailliert untersucht. Eine schriftliche Befragung aller Projektnehmer, in der wichtige Elemente der Zielerreichung und Umsetzung thematisiert waren, stellte die Erkenntnisse aus den Fallstudien auf eine breite Basis. Zur Evaluierung des Nutzens, vor allem der Verwendung von Forschungsergebnissen in der Praxis von Wirtschaft, Politik, Gesellschaft und Wissenschaft, wurden Zielgruppen-Vertreter aus diesen Bereichen interviewt. Zur Identifizierung des weiteren Bedarfs und der künftigen Positionierung der Projekt-bezogenen Förderung des BMBF wurde abschließend ein Workshop mit einigen in Deutschland auf dem Gebiet der Ökotoxikologie aktiven Wissenschaftlern durchgeführt. Dieser Workshop behandelte neben einer Positionierung der ökotoxikologischen Forschung im nationalen und internationalen Kontext besonders auch Zukunftsperspektiven für dieses Fachgebiet.

Es gibt viele Gemeinsamkeiten, aber auch Unterschiede zwischen Toxikologie und Ökotoxikologie, die häufig auch zu Verständnisproblemen geführt haben. Dies in gemeinsamen Aktivitäten aufzulösen, wäre sicherlich wünschenswert. Den erfolgreichen Start der Toxikologie in Deutschland aufgreifend wäre es angebracht, auch für die Ökotoxikologie ein „Forum" einzurichten, das gemeinsam von der Wissenschaft und den weiteren Zielgruppen zu tragen wäre. Aufgabe eines solchen Forum sollte es sein, Forschungs- und Themenschwerpunkte zu erarbeiten, und es sollte als Integrationsinstrumentarium zwischen Kontinuität und Aktualität sowie als Möglichkeit der Qualitätskontrolle dienen.

In diesem Zusammenhang ist auch eine vielversprechende Aktivität des Umweltbundesamtes zu erwähnen: Im „Manifest Ökotoxikologie" wurde das Ziel gesetzt, ein eindeutig definiertes Ausbildungsfach Ökotoxikologie einzurichten.

Schmallenberg, Januar 2003

Werner Klein

Inhaltsverzeichnis

Abbildungsverzeichnis

Tabellenverzeichnis

1   Kurzfassung

Im Anschluss an die Initialförderung der Ökotoxikologie in den 70er Jahren hat das Forschungsministerium (BMBF) auf diesem Gebiet weit mehr als 200 Vorhaben mit einem Gesamtvolumen von fast 130 Millionen DM gefördert. Wesentliche Schwerpunkte der beiden Förderprogramme von 1989 und 1994 waren:

- Erfassung und Abschätzung von Risiken durch Verbesserung des Verständnisses der Funktion von Ökosystemen und Erarbeitung von geeigneten Simulationsmodellen

- Entwicklung von Methoden und Verfahren zur langfristigen Trenderkennung bei der Schadstoffbelastung

- Erkennung des Schädigungsgrades und Entwicklung von Therapiemaßnahmen

- Indikatoren zur prospektiven Bewertung der Belastbarkeit von Ökosystemen

- Grundlegende Mechanismen der Schadstoffwirkung und biologische Schlüsselprozesse auf zellulärer und organismischer Ebene (Vorsorge und Instrumente zur Erfassung und Bewertung chronischer Wirkungsmechanismen im Niedrigdosisbereich)

- Entwicklung neuer Konzepte, auch mit modernen „in vitro"-Techniken und biochemisch-molekularbiologischen Methoden (Biomarker, neue Konzepte für chronische Wirkungen)

- Analyse multipler Belastungen in kleinen Dosen.

In einer Evaluierungsstudie sollte nunmehr eine systematische, umfassende und gemeinsame Bilanzierung der Gesamtheit aller Forschungsvorhaben im Förderschwerpunkt „Ökotoxikologie" erfolgen. Ziel der Studie war die Spiegelung der Ergebnisse und der Wirkungen bei Zielgruppen und Anwendern an den ursprünglichen Zielsetzungen, Annahmen und Rahmenbedingungen. Dabei sollten Kriterien wie Erkenntnisgewinn, Entwicklung von Themenfeldern über einen Zeitraum von fast 30 Jahren, Positionierung im internationalen Vergleich, Aktualität und Flexibilität von Förderung angewandter Forschung und Effizienz in der Mittelvergabe berücksichtigt werden. Ziel der Evaluation war nicht nur eine rückblickende Analyse, sondern auch eine zukunftsorientierte Vorausschau, verbunden mit Empfehlungen.

Methodisches Vorgehen

Für eine detaillierte Bearbeitung und Bewertung wurden 104 Projekte ausgewählt. Die institutionelle Förderung war nicht einbezogen. Zielerreichung und Umsetzung der Forschungsergebnisse wurden sowohl aus Sicht der Projektnehmer als auch aus Sicht der Zielgruppen beurteilt und unter Anwendung wissenschaftlicher Kriterien objektiviert.

Zu den wesentlichen Arbeitsschritten gehörte die Erstellung einer Datenbank mit allen Projekten zwecks Einordnung in einen Systematisierungsrahmen nach geeigneten fachlich-technischen und administrativen Kriterien. Im Anschluss daran wurden typische Projekte aus den einzelnen Projektfamilien ausgewählt und in Fallstudien detailliert untersucht. Eine schriftliche Befragung aller Projektnehmer, in der wichtige Elemente der Zielerreichung und Umsetzung thematisiert waren, stellte die Erkenntnisse aus den Fallstudien auf eine breite Basis. Zur Evaluierung des Nutzens, vor allem der Verwendung von Forschungsergebnissen in der Praxis von Wirtschaft, Politik, Gesellschaft und Wissenschaft, wurden Zielgruppenvertreter aus diesen Bereichen interviewt. Zur Identifizierung des weiteren Bedarfs und der künftigen Positionierung der projektbezogenen Förderung des BMBF wurde abschließend ein Workshop mit Fachleuten durchgeführt.

Datenbankanalyse

Die systematische Einordnung der Projekte erfolgte nach Themenfeldern, fachlichen Zielen und Inhalten, administrativen Charakteristiken, umweltpolitischen Kontexten und Zielgruppen auf der Basis der Projektabschlussberichte. Der Großteil der geförderten Forschung wurde in Verbünden geleistet. Gut die Hälfte der Forschungsnehmer waren Hochschulinstitute, gefolgt von Forschungseinrichtungen der Behörden. Die primären Zielgruppen der Förderprogramme waren Wissenschaft und/oder Behörden. Dem entsprechend standen in der geplanten Anwendung und Umsetzung die wissenschaftliche Nutzung und die Vorbereitung für den Gesetzesvollzug im Vordergrund. Eine Umsetzung in der Wirtschaft wurde selten angestrebt oder erwartet. Reine Grundlagenforschung war kaum vertreten. Etwa die Hälfte der Projekte bearbeitete aktuelle Fragestellungen im öffentlichen Interesse. Bei der wissenschaftlichen Zielsetzung dominierten Entwicklung von Testsystemen und Indikatoren sowie die Analyse des Umweltzustandes und chronischer Wirkungen toxischer Stoffe.

Die Datenbank kann mit laufenden und künftigen Projekten ergänzt werden. Sie erlaubt einen raschen, EDV-gestützten Zugriff auf wesentliche Projektinformationen und einfache statistische Auswertungen zur Beantwortung weiterer Fragestellungen.

Fallstudien

Mit Hilfe der in der Datenbank enthaltenen Kriterien wurden aus elf Projektfamilien zehn Fallbeispiele ausgewählt. Sie dienten zur Identifizierung von Zielgruppen und zur Einschätzung von Projekterfolgen, Wirkungen, Erfolgsfaktoren und Umsetzungsproblemen, des Informationstransfers in die Scientific Community, von Kooperationen und der Nutzung des Wissens in der Fach- und Politikberatung. Methodisch wurden die Fallstudien in Form ausführlicher persönlicher, in Einzelfällen auch telefonischer Gespräche mit den Projektnehmern nach einem umfangreichen Gesprächsleitfaden durchgeführt.

Die Frage nach der Forschungsinitiative ergab, dass in den überwiegenden Fällen die Antragstellung auf Eigeninitiative und nach Diskussionen innerhalb der Scientific Community erfolgte. Eine Ausnahme bilden die Vorhaben im Bereich des Bodenschutzes, wo die Vorbereitungen zur Umsetzung der Bodenschutzgesetzgebung Auslöser für Antragstellungen waren. Die Herstellung von Bezügen zu den Förderprogrammen des BMBF erfolgte bei den älteren Vorhaben meistens erst bei der endgültigen Antragstellung. Bei jüngeren Vorhaben ist jedoch ein Wandel hin zur konkreten Einbindung in die Förderprogramme bereits bei Einreichung der Skizzen zu beobachten. Die Frage nach dem fachlichen Erfüllungsgrad wurde von den Projektnehmern in fast allen Fällen als hoch bis sehr hoch eingeschätzt. Bei geringerem Erfüllungsgrad spielten individuelle Umstände eine Rolle, die nicht verallgemeinerbar sind. Hohe Erfüllungsgrade wurden auf Fachkompetenz und Engagement, Interdisziplinarität, Aktualität des Themas und auch auf Freiheiten bei der Projektgestaltung zurückgeführt. Den Transfer in die Scientific Community sahen die Projektnehmer durch Fachvorträge, Poster und Publikationen erreicht. Die Veröffentlichung von Forschungsergebnissen in internationalen, referierten Zeitschriften mit hohem Impact-Faktor wurde seitens der Projektnehmer nicht als ausschließlicher Erfolgsindikator gesehen; vielmehr haben Veröffentlichungen in „grauer" Literatur, Poster, Fachvorträge und Diskussionen innerhalb der Scientific Community für sie eine gleich hohe Bedeutung.

In den meisten Fällen fand aus subjektiver Sicht der Projektnehmer ein Ergebnistransfer, das heißt eine direkte Umsetzung, eine Politik- oder Fachberatung, auf ihre Initiative hin statt. Aus objektiver Sicht ist dies nicht in dem behaupteten Umfang gegeben, wie insbesondere aus der Zielgruppenbefragung deutlich wurde. Aber auch die Projektnehmer selbst regten an, die Marketingstrategie des BMBF zu verbessern. Als wesentliche Instrumentarien für den Ergebnistransfer zu den Zielgruppen nannten sie

- Gremientätigkeiten der Projektnehmer,
- Einbeziehung von Zielgruppen in die Projektbearbeitung und
- Berufung von Zielgruppenrepräsentanten in Gutachtergremien und Projektbeiräte,

wobei sie diese Instrumentarien in unterschiedlicher Intensität bereits nutzten.

Aus Sicht der Forschungsnehmer ist der Stand der deutschen Forschung im Vergleich zur internationalen Forschung stark von der fachlich-inhaltlichen Seite des Projekts, nicht jedoch von der Förderstruktur abhängig. So wird Deutschland auf einigen Gebieten als führend, zum Beispiel im Bodenbereich, auf anderen auf vergleichbarem Niveau oder hinterherhinkend gesehen.

Schriftliche Befragung der Projektnehmer

Während aus den Fallstudien durch die intensiven und offenen Gespräche inhaltlich detaillierte Erkenntnisse hervorgingen, diente die schriftliche Befragung mittels eines strukturierten Fragebogens dazu, einige wichtige Aussagen auf eine breite Basis zu stellen. Es wurde ein sehr hoher Rücklauf von 88 % aller angeschriebenen Projektnehmer erzielt.

Die Ergebnisse zeigen, dass der Initialeffekt der Förderung groß war: 83 % der Vorhaben wären ohne Förderung nicht durchgeführt worden. Die Projekte zielten vor allem auf die Beantwortung aktueller Fragen im öffentlichen Interesse und die Umsetzung in Gesetze oder Richtlinien. Bei 9 % der Projekte hatten BMBF und Projektträger einen starken Einfluss auf die Zielsetzung. Sie unterstützten die Projektnehmer vor allem bei der Antragstellung, weniger bei der Projektdurchführung. Im Hinblick auf die Anwendung der Ergebnisse hätten sich viele eine stärkere Hilfestellung gewünscht.

In fast allen Projekten wurde mit Partnern zusammengearbeitet, meist mit anderen Forschungseinrichtungen, zu einem guten Teil aber auch mit der Industrie oder mit Anwendern. Die Kooperationen brachten bei weitem mehr Vor- als Nachteile. Vorgesehene Aktivitäten nach Projektende, wie z. B. Veröffentlichungen, wurden in aller Regel auch realisiert. 47 % der Befragten halten ihr Projekt für erfolgreich, vor allem gemessen am Erkenntnisfortschritt, aber auch am Problemlösungsbeitrag im Umweltbereich. Positive Auswirkungen machten die meisten an der Resonanz in der „Scientific Community" und der Zufriedenheit bei BMBF und Projektträger fest. Aus den verschiedenen Aktivitäten und Wirkungen wurde ein Indikator für den Projekterfolg gebildet. Danach waren Projekte erfolgreicher, wenn BMBF oder Projektträger Einfluss auf die Projekte nahmen und Unterstützung leisteten, wenn die Projekte interdisziplinär und mit Partnern bearbeitet wurden und wenn sie sich an mehrere Zielgruppen richteten.

Zielgruppenbefragung

Intention der Zielgruppenbefragung war es, die Wirkung der ökotoxikologischen Forschung auf die Zielgruppen zu erfassen, das heißt die Abklärung der Frage, inwiefern Forschungsergebnisse die Zielgruppen erreichten, ob Ergebnisse nutzbar waren und auch tatsächlich genutzt und umgesetzt wurden. Befragt wurden Vertreter von Umweltbehörden des Bundes und der Länder, einer EU-Behörde, von Wirtschaftsunternehmen und -verbänden sowie Wissenschaftler, vornehmlich aus Universitäten.

Für die Zielgruppe **Wissenschaft** ergibt sich der Nutzen aus den Kriterien der wissenschaftlichen Forschungsbewertung (Impact-Faktor der Zeitschriften, in denen veröffentlicht wurde) und der fachlichen Anerkennung der Forschungsnehmer in ihrem Bereich innerhalb der Scientific Community. Obwohl aus den Forschungs-projekten eine angemessene Anzahl hochwertiger Veröffentlichungen hervorging, sind diese nur selten Meilensteine für weitergehende Forschung durch andere Arbeitsgruppen gewesen und selbst bei vielen Forschungsnehmern nicht vorrangi-ges Ziel. Daraus ergibt sich, dass für die Scientific Community als Hauptergebnis der meisten geförderten Projekte die Erhöhung des so genannten „Standes der wis-senschaftlichen Kenntnis" resultierte.

Die **Industrie** nutzt die Ergebnisse vorwiegend als allgemeine Literatur- und Hin-tergrundinformation. Die wenigen Projektbeispiele, welche zu etablierten Untersu-chungsverfahren und anerkannten Bewertungselementen führten, werden unmittel-bar genutzt. Ökotoxikologische Untersuchungen werden als wichtiges Element zur Definition langfristig tragfähiger Produktkonzepte gesehen. Dies umfasst sowohl die Entwicklung, Erprobung und Implementation von Testverfahren neuer, mit dem bisherigen Instrumentarium nicht oder unzureichend abgedeckter Wirkendpunkte als auch Fragestellungen, die als Grundlage für eine den realen Verhältnissen besser angepasste Bewertungsstrategie dienen können.

Da **Behörden** erst in jüngerer Zeit wieder in die Planung eingebunden wurden, sind die Ergebnisse etwas zeitlich zurückliegender Projekte (etwa Anfang der 80er bis Anfang der 90er Jahre) vorwiegend als Hintergrundinformation, jedoch selten als unmittelbare Grundlage für nachfolgende Ressortforschung genutzt worden. Für die Behörden als Zielgruppe gilt insbesondere für die im gleichen Zeitraum durchge-führten Projekte, dass eine mangelhafte Kommunikation zwischen den Vorstellun-gen der Wissenschaft und dem Bedarf der Behörden eine der Ursachen für eine fehlende Nutzung ist.

Workshop mit Fachleuten

Aufgabe der eingeladenen 15 Experten war es, eine Bewertung des Förderschwer-punktes und seiner bisherigen Rolle im Fördersystem sowie der Auswirkungen auf den Stand der Umweltforschung und auf regulative Maßnahmen vorzunehmen. Darüber hinaus sollten sie Empfehlungen für die künftige Förderpolitik erarbeiten.

Nach Meinung der Fachleute sollte das BMBF in der Projektförderung weiterhin sowohl themenorientierte Grundlagenforschung als auch anwendungs- und ziel-gruppenbezogene Projekte fördern und dabei fachlich-inhaltliche und problem-orientierte Schwerpunkte setzen, um die Chancen der interdisziplinären For-schungsrichtung der Ökotoxikologie zu verstärken. Wichtig erscheint auch die inhaltliche Verknüpfung mit der institutionellen Förderung (Themenverbünde), um sowohl Kontinuität als auch Flexibilität der Themenbearbeitung zu gewährleisten. Methodisch sollte dem probabilistischen Ergebnistyp mehr Bedeutung zugemessen werden.

Bei der internationalen Positionierung der deutschen Ökotoxikologieforschung zeichneten die Experten ein heterogenes Bild. Besonders auf dem Gebiet der Risikoabschätzung und -bewertung ist Deutschland offenbar im Rückstand. Eine angemessene Projektbegleitung wird für ein wesentliches Mittel zur Qualitätssicherung der Forschung gehalten. Hierzu wurde die Einrichtung eines wissenschaftlichen Forums vorgeschlagen. Abschließend nannten die Experten bisher ungenügend bearbeitete Fragestellungen und gaben Empfehlungen für neue strategische Themen.

Zusammenfassende Beurteilung

Die systematische Auswertung auf Basis der Datenbank deckte sich mit den Ergebnissen der Fallstudien und der Projektnehmerbefragung. Die Bearbeitung der Fragestellungen der Vorhaben wurde aus subjektiver und objektiver Sicht – von ganz wenigen Ausnahmen abgesehen – erfolgreich realisiert. Über die Nutzung der Ergebnisse für die Lösung aktueller Fragen und im Gesetzesvollzug bestehen allerdings unterschiedliche Einschätzungen von Projektnehmern und Vertretern der Zielgruppen „Behörden" und „Wirtschaft", was auf ungenügende Kommunikation und Kooperation zurückgeführt werden kann, aber auch durch die nicht immer objektive Bewertung der Forschungsnehmer in ihrem eigenen Arbeitsgebiet und vielleicht überhöhte Erwartungen der Zielgruppen erklärbar ist. In jüngster Zeit werden Zielgruppen offenbar stärker in die Projektplanung und -bearbeitung einbezogen.

Bei Beginn der ökotoxikologischen Forschung in den 70er Jahren war eine unmittelbare Nutzung gewährleistet, weil die Behörden selbst Projektverbünde initiierten und teilweise sogar in eigenen Forschungseinrichtungen Projekte realisierten. Da die Ökotoxikologie damals eine neu entstandene Forschungsrichtung war, lag das Interesse der Industrie an den Ergebnissen auf eventuellen Testanforderungen und der wissenschaftliche Impact war hoch, da es vorher kaum Erkenntnisse auf diesem Gebiet gab. Trotz dieser sehr positiven Ergebnisbeurteilung ist die Vorstellung vieler Projektbearbeiter, dass ihre Ergebnisse in anerkannte und geforderte Testverfahren einfließen werden, nicht realisiert worden, da der Mehrwert im Vergleich zu den Prüfkosten nicht schlüssig nachgewiesen werden konnte.

Empfehlungen

Trotz erheblicher Förderung hat die Ökotoxikologieforschung für Deutschland nicht die Bedeutung, welche der relevanten Industrie und auch der Wahrnehmung der Thematik in der Gesellschaft gerecht wird. Dies gilt auch für ihre internationale Positionierung. Zur Verbesserung dieser Situation wird eine bedeutende Rolle des BMBF darin gesehen, zusätzlich zur ökotoxikologischen Ressortforschung und zur Förderung von Einzelvorhaben sowie zeitweisen Schwerpunkten der DFG eine Initiative zu ergreifen, um diese Diskrepanz aufzulösen. Hierfür werden folgende Elemente vorgeschlagen:

- Optimierung der fachlich-inhaltlichen Positionierung der BMBF-Forschungsförderung durch transdisziplinäre Vorhaben mit Fragestellungen von Querschnittscharakter, Einordnung der Ökotoxikologie in die Ökosystemforschung, Bedeutung für Gesundheit und Wohlbefinden der Bevölkerung als Bewertungskriterium.

- Verbesserung der internationalen Positionierung durch Nutzung der Forschungsförderung als politisches Instrumentarium, durch Förderung von Teilgebieten, die gegenwärtig in der Gesetzgebung und Umsetzung aktuell sind, und dadurch Verbesserung der Wahrnehmung der Ökotoxikologie durch die Politik.

- Verknüpfung der themenorientierten Grundlagenforschung mit anwendungsorientierter Forschung durch Netzwerkbildung unter Einbezug der Zielgruppen mit ineinander greifenden grundlagenorientierten und anwendungsorientierten Projekten.

- Neben der institutionellen Förderung, welche eine Kontinuität bei wichtigen Themen gewährleisten soll, wird vorgeschlagen, zusätzlich universitäre Forschergruppen zu aktuellen Themen zu fördern. Themenverbünde zwischen HGF-Zentren und Forschergruppen außerhalb der HGF können eine Kombination von Kontinuität und Aktualität leisten.

- Strukturierung von Projekten und Fragestellungen zum Erreichen der Ergebniserwartung mit stärkerer Differenzierung zwischen Umweltforschung und Umweltschutzforschung, mit Fokussierung auf präziser Erkenntniserwartung zu Einzelfaktoren und Wahrscheinlichkeitsaussagen zur Wirkung in der realen Umwelt.

- Steuerung und Ergebnistransfer bei anwendungs- und zielgruppenorientierten Projekten durch Einbezug der späteren Anwender in die Definition von Zielvorgaben, Wahrnehmung entsprechender Steuerungsfunktionen durch Koordinatoren oder Projektleiter sowie durch Erweiterung der Aufgaben von Projektbeiräten und eventuell Einrichtung von Projektmentoren.

- Entwicklung und Anwendung von Instrumentarien zur Sicherstellung der Qualität ökotoxikologischer Forschung in Deutschland, zum Beispiel noch straffere Strukturierung nach Meilensteinen und Intensivierung der Projektbegleitung.

- Einrichtung eines wissenschaftliches Forums zur Positionierung der Ökotoxikologieforschung in Gesellschaft und Politik, basierend auf den Erfahrungen der Toxikologie; Aufgabe dieses Forums ist auch die Erarbeitung von Forschungs- und Themenschwerpunkten, und es soll als Integrationsinstrumentarium zwischen Kontinuität und Aktualität sowie als Instrument zur Qualitätskontrolle dienen.

2   Ausgangslage und Zielsetzung

Seit einer intensiven und systematischen wissenschaftliche Bearbeitung von Fragestellungen zur Umweltchemie und Ökotoxikologie zu Beginn der siebziger Jahre förderte das BMBF mehr als 200 Vorhaben mit einem Gesamtvolumen von fast 130 Millionen DM. Die Forschungsvorhaben selbst waren sehr vielfältig in Hinblick auf ihre jeweilige Thematik, den konkreten wissenschaftlichen Kontext, Laufzeit, Volumen und Projektstruktur.

Der Ausgangspunkt war das erste Umweltschutzprogramm der Bundesregierung, dessen Forschungsempfehlungen umfassend vom damaligen Forschungsministerium umgesetzt wurden. Ein großes Programm war zu jener Zeit zum Beispiel das PCB-Programm. Als Konsequenz dieser Untersuchungen entstand das Fachgebiet der Ökotoxikologie. Das BMFT hat hierauf mit zwei aufeinanderfolgenden Forschungsschwerpunkten reagiert: Methoden zur ökotoxikologischen Bewertung von Chemikalien und Auffindung von Indikatoren zur prospektiven Bewertung der Belastbarkeit von Ökosystemen. Anschließend orientierte sich die wissenschaftliche Zielsetzung der Forschungsförderung an den Fragestellungen, die innerhalb der Scientific Community diskutiert wurden, und seit Formulierung von Förderprogrammen in den Jahren 1989 und 1997 an deren Inhalten und Zielen. Wesentlicher Fragenkomplex im **Programm 1989 bis 1994** war die Befassung mit der zentralen Aufgabe der Ökotoxikologie: der Erforschung der Wirkung von Umweltchemikalien auf Biozönosen und im Ökosystem. Es bestand ein enger Zusammenhang mit der Ökosystemforschung, was auch durch die Errichtung von Ökosystemforschungszentren deutlich wurde. Im Programm explizit erwähnte Schwerpunkte waren beispielsweise:

- Erfassung und Abschätzung von Risiken durch Verbesserung des Verständnisses der Funktion von Ökosystemen und Erarbeitung von geeigneten Simulationsmodellen

- Entwicklung von Methoden und Verfahren zur langfristigen Trenderkennung bei der Schadstoffbelastung

- Erkennung des Schädigungsgrades und Entwicklung von Therapiemaßnahmen

- Indikatoren zur prospektiven Bewertung der Belastbarkeit von Ökosystemen.

Charakteristisch war dabei die Verbindung problemorientierter Fragestellungen mit ökosystemaren Forschungsansätzen. Diese wurden insbesondere in Verbundforschungsvorhaben erarbeitet, wobei die Beteiligung der Chemischen Industrie angestrebt wurde. Inhalte wurden mit dem BGA (frühere Bezeichnung des BgVV) und dem UBA abgestimmt, da eine Umsetzung der erhaltenen Ergebnisse insbesondere durch die zuständigen Bundesbehörden erfolgen sollte.

Im **Programm 1997** steht weiterhin die Analyse und das Verständnis der Wirkungen chemischer Stoffe auf die belebte Natur im Fokus, wobei beispielsweise der Tatsache Rechnung getragen wird, dass bisherige Konzepte der Gefahrenbeurteilung die chronischen Wirkungen ungenügend berücksichtigen. Zentral im Forschungsprogramm sind inter- oder multidisziplinäre Fragestellungen unter systemarer ökologischer Betrachtungsweise. Aus den Formulierungen des Programms wird deutlich, dass bisher ein Mangel an integrierten, fachübergreifenden Konzepten (Chemie, Umweltchemie, Biochemie, Toxikologie, Botanik, Mikrobiologie, Zoologie, Ökologie) bestand. Explizit erwähnte Schwerpunkte sind beispielsweise:

- Grundlegende Mechanismen der Schadstoffwirkung und biologische Schlüsselprozesse auf zellulärer und organismischer Ebene (Vorsorge und Instrumente zur Erfassung und Bewertung chronischer Wirkungsmechanismen im Niedrigdosisbereich).

- Entwicklung neuer Konzepte, auch mit modernen „in vitro"-Techniken und biochemisch-molekularbiologischen Methoden (Biomarker, neue Konzepte für chronische Wirkungen).

- Multiple Belastungen in kleinen Dosen.

Der Projektförderung, hier insbesondere der multidisziplinären Forschung, steht die institutionelle Förderung zu Seite.

Da die Ökotoxikologie jedoch ein **Querschnittsthema** darstellt, ist neben der reinen Ausrichtung auf ökotoxikologische Fragestellungen auch die Schnittstelle zu medienbezogenen Betrachtungsweisen und Ansätzen zu sehen, was eine – zumindest partielle – Einbeziehung beispielsweise der Bodenforschung und des Gewässerschutzes (aktuell beispielsweise im Zusammenhang mit der europäischen Wasserrahmenrichtlinie) bedingt. Die Ökotoxikologie in Deutschland befasst sich neben den wirkungsbezogenen Fragestellungen auch mit Fragen zur Exposition, zum Eintrag in die Kompartimente, und zu Verteilung und Verbleib.

Die sich immer als **zielgruppenorientiert** verstehende Forschungsförderung des BMBF wandelte sich im Verlauf der betrachteten 30-jährigen Förderung: Während zunächst einzelne gesellschaftliche und politische Akteure und Akteursgruppen im Vordergrund standen, waren die Zielgruppen anschließend in den verschiedenen Branchen, dann in Stakeholdern entlang der Wertschöpfungskette zu finden, die im Dialog zu konsensualen Aussagen und Selbstverpflichtungen kamen. Gegenwärtig ist das Spannungsfeld zwischen extrem flächen- oder globalorientierten Zielgruppen (Beispiel: Betrachtung von landschaftsbezogenen Ansätzen unter Einbeziehung von Landwirten, Kommunen und der Industrie) und extrem grundsätzlich orientierten Fragestellungen (Beispiel: die Frage der genetischen Steuerung ökologischer Zusammenhänge wird zur Zeit vornehmlich auf der molekularen Ebene diskutiert) zu bewältigen.

Die Vorhaben werden sowohl durch externe Gutachter als auch durch das BMBF selbst in Hinblick auf das Erreichen der ausgewiesenen – oder während der Projektbearbeitung modifizierten – Ziele, in Hinblick auf die Umsetzung und Umsetzbarkeit der Ergebnisse und damit in Hinblick auf ihren Erfolg und ihre Wirkung bei den entsprechenden Zielgruppen bewertet. Es fehlte jedoch bisher eine systematische und umfassende **Bilanzierung** der Gesamtheit aller Forschungsvorhaben im Förderschwerpunkt „Ökotoxikologie", insbesondere auch im internationalen Vergleich. Eine solche Bilanzierung sollte idealerweise vor dem Hintergrund sowohl des Erkenntnisgewinns, der Entwicklung von Themenfeldern über einen Zeitraum von fast 30 Jahren, der Aktualität und Flexibilität von angewandter Forschungsförderung als auch der Effizienz im Ergebnistransfer und in der Ergebnisnutzung durchgeführt werden.

Aus diesem Grund wurde diese Evaluationsstudie mit dem Ziel einer **rückblickenden Analyse** sowie einer strategischen, zukunftsorientierten **Vorausschau** durchgeführt. Unter Berücksichtigung der aktuellen Positionierung der projektbezogenen Förderung zwischen anwendungsnaher Forschung und der institutionellen Förderung von Daueraufgaben sollte die Evaluationsstudie den weiteren Bedarf identifizieren und dabei **Handlungsempfehlungen** im Hinblick auf mögliche zukünftige „Nischen" und inhaltliche und strukturelle Schwerpunkte, eventuell auch nationale Schwerpunkte innerhalb der EU, geben.

Die Auswertung erfolgte durch Spiegelung der Ergebnisse und der Wirkungen bei Zielgruppen und Anwendern an den ursprünglichen Zielsetzungen, Annahmen und Rahmenbedingungen. Dabei wurden die Wirkungen auf Zielgruppen mit der BMBF-Förderungspolitik abgeglichen. Die Identifizierung des weiteren Bedarfs und die künftige Positionierung der projektbezogenen Förderung erfolgte durch eine Diskussionsplattform (Workshop), welche die verschiedenen Zielgruppen sowie die HGF und GFE und auch – orientierend – Vertreter der EU-Kommission sowie einiger ausgewählter EU-Mitgliedstaaten und jeweils deren Aktivitäten einbezog.

3 Positionierung der ökotoxikologischen Forschung in Deutschland im internationalen Vergleich

In Zeiten zunehmender Internationalisierung und Globalisierung muss sich nationale Forschungsförderung sowohl fachlich als auch hinsichtlich ihrer förderpolitischen Strukturen zunehmend im internationalen Rahmen positionieren. Durch Auflage des 6. Forschungsrahmenprogramms der Europäischen Union ist neben der Notwendigkeit einer Bildung komplexer Netzwerke – die nur bei Kenntnis der jeweils eigenen fachlichen Position möglich ist – auch eine noch stärkere Verknüpfung zwischen nationaler und europäischer Forschungsförderung, auch im Sinne von bilateraler Kofinanzierung nationaler Projekte, angesagt.

Um diesen beiden Aspekten Rechnung zu tragen, wird im Folgenden sowohl eine fachliche als auch eine förderpolitisch-strukturelle Positionierung der ökotoxikologischen Forschung Deutschlands im internationalen Vergleich vorgenommen. Die Ergebnisse sollten – wie die der Projektevaluierung – zu Handlungsempfehlungen führen.

3.1 Ökotoxikologische Forschung in Deutschland

Ökotoxikologische Forschung in Deutschland wird im Wesentlichen als universitäre Forschung, als institutionell geförderte Forschung in den Einrichtungen der HGF, in Bundesforschungseinrichtungen sowie als Projektförderung durchgeführt. Die Mittel der Projektförderung durch das BMBF fließen zu etwas mehr als 50 % in die Hochschulen, zu etwa 25 % in behördliche Institute und jeweils zu etwa 10 % in außeruniversitäre Forschungsinstitute und privatwirtschaftlich geführte Einrichtungen. Fördermittel der Deutschen Forschungsgemeinschaft (DFG), die ebenfalls Projekte im Bereich der Ökotoxikologie finanziert, fließen zu einem sehr hohen Anteil in die Hochschulen, was – gerade in jüngerer Zeit – nicht nur, aber auch durch die meistens interdisziplinär angelegten Sonderforschungsbereiche dokumentiert wird.

Der Versuch einer thematischen Positionierung der BMBF-Projektförderung innerhalb der deutschen Forschungslandschaft kann beispielsweise erfolgen durch einen Vergleich der BMBF-Projektförderung mit

- eigener universitärer Forschung
- DFG-Forschungsförderung
- institutioneller Förderung
- Ressortforschung (BMU, BMVEL).

BMBF-Projektförderung und universitäre Forschung

Bei einem Vergleich der thematischen Schwerpunkte der BMBF-Projektförderung mit denen der universitären Forschung ist zu berücksichtigen, dass ein Teil der universitären Forschung durch eben die BMBF-Förderung finanziert wird, so dass die Aussagen teilweise redundant sind. Von besonderem Interesse sind jedoch die Bereiche, die voneinander abweichen, da sie Schwerpunkte oder aber Nischen darstellen.

Der Vergleich erfolgte durch Zuordnung der BMBF-geförderten Projekte sowie der universitären Forschungsschwerpunkte ausgewählter Arbeitsgruppen zu zuvor definierten Projektfamilien. Die Vorgehensweise zur Definition der Projektfamilien ist in Kapitel 5.2.2 (Projektfamilien) des vorliegenden Berichtes ausführlich dargestellt und wird hier nicht weiter behandelt.

Aus dem Vergleich wird deutlich, dass eine beachtliche Anzahl von deutschen universitären Arbeitsgruppen in der Lehre sowie in ihren Forschungsarbeiten ökotoxikologische Fragestellungen behandeln. Dabei ist die Ökotoxikologie in biologische, ökologische, geologische, geographische, agrarwissenschaftliche oder umweltchemische Fragestellungen eingebettet. In den entsprechenden Studiengängen kann das Fach Ökotoxikologie als Nebenfach oder Schwerpunkt mit Bearbeitung in Diplom und Promotion gewählt werden, jedoch gibt es keinen Studiengang mit Ausbildung zum „Diplom-Ökotoxikologen". Neuere, jedoch nicht sehr weit verbreitete und bisher von der Scientific Community wenig wahrgenommene Studiengänge beispielsweise zum Diplom-Umweltwissenschaftler (Beispiel: Universität Lüneburg) kommen dem vielleicht am nächsten.

Die Tatsache der Einbettung der Ökotoxikologie in unterschiedliche Fachbereiche an deutschen Hochschulen mag ein Grund dafür sein, dass die Wahrnehmung „der Ökotoxikologie" zumindest verbesserungswürdig ist und trotz interdisziplinären Ansatzes disziplinärer Schwerpunktsetzung folgt.

Als neuere nationale Interessensvertretung kann der deutschsprachige Zweig der SETAC Europe angesehen werden, der 1996 gegründet wurde. Hier stellt sich jedoch gleichzeitig die Frage, ob bei zunehmender Internationalisierung eine Nationalisierung tatsächlich zielführend ist und damit zu einer Bündelung von Aktivitäten und Harmonisierung der Forschung führt.

Die Gegenüberstellung in Abbildung 1 zeigt die Zuordnung der BMBF-geförderten Projekte sowie der universitären Forschungsaktivitäten zu den im Rahmen dieser Studie definierten Projektfamilien.

Abbildung 1:   Zuordnung der BMBF-geförderten Projekte zu Projektfamilien

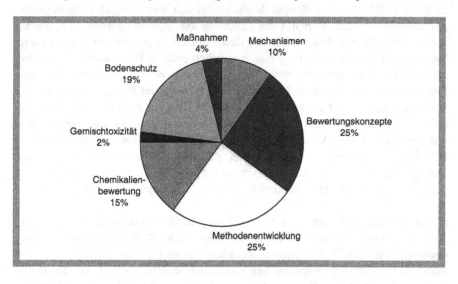

Abbildung 2:   Zuordnung von universitären Forschungsarbeiten mit Bezug zur
Ökotoxikologie zu Projektfamilien

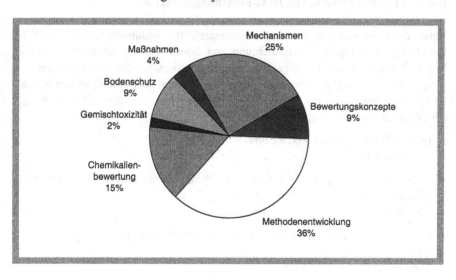

Die Gegenüberstellung – die in dieser Form lediglich die aktuelle, jedoch keine
zurückliegende Situation abbildet – zeigt erwartungsgemäß und auch entsprechend
dem Bildungsauftrag, dass an den Hochschulen deutlich mehr Forschung mit Bezug
zu grundlegenden ökotoxikologischen Mechanismen und Prozessen betrieben wird
als in den Vorhaben der BMBF-Förderung. Analog lassen sich etwa 36 % der For-

schungsarbeiten der Projektfamilie Methodenentwicklung zuordnen gegenüber 25 % der BMBF-Projekte. Ebenso deutlich zeigt sich, dass beispielsweise der stark anwendungsorientierte Komplex der Erstellung von Bewertungskonzepten, der an der Schnittstelle zwischen BMBF und Ressortforschung angesiedelt werden kann, bei der BMBF-Projektförderung eine wesentlich größere Rolle spielt als bei den universitären Forschungsaktivitäten. Hier sind es insbesondere außeruniversitäre Einrichtungen sowie behördliche Institute, die Projekte mit Bezug zu Bewertungskonzepten bearbeiten. Gleiches gilt für die Zuordnung von Projekten zur Projektfamilie Bodenschutz. Bedingt durch das Bundesbodenschutzgesetz von 1998 wurden vor Inkrafttreten eine Vielzahl von – wiederum stark anwendungsorientierten – Projekten zur Umsetzung des Gesetzes gefördert. Bei den universitären Forschungsarbeiten zum Thema Bodenschutz dürfte es sich in den meisten Fällen neben Arbeiten für das Umweltbundesamt um BMBF-Projekte handeln.

Schlussfolgernd kann aus dem Vergleich der BMBF-Projektförderung und den Arbeitsfeldern an Universitäten die Gesamtthematik der Stoff- und Umweltmedienbewertung einschließlich integrierte Risikoabschätzung als ein wichtiger Schwerpunkt für die BMBF-Projektförderung identifiziert werden. Zu ähnlichen Ergebnissen kommt auch der im Rahmen dieser Studie durchgeführte Experten-Workshop (siehe Kapitel 5.6).

BMBF-Projektförderung und DFG-Forschungsförderung

Neben einer Vielzahl von geförderten Einzelprojekten dokumentiert sich die DFG-Forschungsförderung in der Einrichtung von Sonderforschungsbereichen (SFB). Die SFB zeichnen sich im allgemeinen durch multidisziplinäre und stark anwendungsorientierte Fragestellungen mit lokal-spezifischem oder aktuellem Bezug aus. Es konnten insgesamt fünf SFB sowie ein Graduiertenkolleg der DFG mit Bezug zur Ökotoxikologie identifiziert werden.

- DFG SFB 522: Umwelt und Region
  Universität Trier

- DFG SFB 188: Teilprojekt C1: Ökotoxikologische Bewertung von Bodenverunreinigungen mit Hilfe von Biotests
  TU HH Harburg

- DFG SFB 193: Biologische Behandlung industrieller und gewerblicher Abwässer
  Technische Universität Berlin

- DFG SFB 419: Umweltprobleme eines industriellen Ballungsraumes – Naturwissenschaftliche Lösungsstrategien und sozio-ökonomische Implikationen
  Universität Köln

- DFG SFB 454: Bodenseelitoral
  Universität Konstanz

- DFG-Graduierten-Kolleg
  Bergakademie Freiberg in Sachsen (Geowissenschaftliche und Geotechnische
  Umweltforschung; Untersuchungen zu Umweltauswirkungen von Halden,
  Kippen, Tailings und Altbergwerken, Entwicklung von Sanierungsmethoden
  und Nutzungskonzepten)

Hinsichtlich einer Positionierung der BMBF-Projektförderung im Vergleich zur
DFG-Förderung – wobei die DFG-Förderung kleinerer Einzelprojekte nicht
betrachtet wird – kann die Schlussfolgerung gezogen werden, dass in beiden Bereichen eine Förderung anwendungsorientierter und multi-disziplinärer Vorhaben mit
Bezug zur Ökotoxikologie erfolgt. Hier wäre eine Diskussion über eine noch bessere Abgrenzung empfehlenswert. Diese könnte beispielsweise darin liegen, dass
die Sonderforschungsbereiche multidisziplinäre Fragestellungen mit lokalem Bezug
bearbeiten, was eine ausgesprochene Stärke der SFB darstellt, während die BMBF-
Projektförderung einen Schwerpunkt auf die multidisziplinäre Erarbeitung von
Umweltbewertungskonzepten mit Schnittstelle zur Ressortforschung legt.

BMBF-Projektförderung und institutionelle Förderung

In der GSF wird ökotoxikologische Forschung bisher im Institut für Ökologische
Chemie und mit angrenzenden Themen auch in den Instituten für Pflanzenpatholo-
gie und Bodenökologie durchgeführt. In der Ökologischen Chemie werden Prüfmethoden entwickelt und angepasst, um die für Expositionspfade relevanten Produkte und Matrices auch ökotoxikologisch zu charakterisieren. In der Pflanzen-
pathologie werden die Reaktionen auf Stressoren biochemisch und molekularbiolo-
gisch und in der Bodenökologie im Wesentlichen im Hinblick auf mikrobielle
Systeme untersucht. Ziel in der GSF ist es, die molekulare Ökotoxikologie als ein
Schwerpunkt zu entwickeln.

„Die Sektion Chemische Ökotoxikologie hat zum Ziel, Mechanismen der biologischen Schadwirkung chemischer Stoffe aufzuklären und Bewertungskriterien für ihr
ökotoxikologisches Potenzial im Freiland abzuleiten" mit zwei Schwerpunkten: „Im
stofforientierten Ansatz werden biologische Aktivitätspotenziale von Einzelstoffen,
Stoffgemischen und komplexen Umweltproben sowie die zugrundeliegenden Wirkungsmechanismen untersucht. Die Propagation chemischer Schadwirkungen auf
höhere Organisationsebenen ist Gegenstand des systemorientierten Ansatzes, in
welchem die Stressantwort von Freiland-Biozönosen im Hinblick auf Reaktions-
muster und Interaktionen analysiert wird. Die Verknüpfung wirkungsbezogener
Fragen mit Expositionsparametern und zugrundeliegenden Stoffeigenschaften ermöglicht dabei die Entwicklung von Strategien zur prozessorientierten Risikobewertung von Kontaminationssituationen im Freiland" (http://www.ufz.de/spb/tox/).

Im Rahmen der projektorientierten Förderung der HGF werden die Arbeiten der
beiden HGF-Zentren, welche Schwerpunkte in der Ökotoxikologie haben, unter den

dortigen Zielen koordiniert eingebettet. Ob damit eine Verstärkung der Wirkung dieser Forschung erzielt werden kann, wird die Ausarbeitung der Programme (vorgesehen 2003) zeigen.

BMBF-Projektförderung und Ressortforschung

Die beiden betroffenen Ressorts BMU und BMVEL fördern ökotoxikologische Forschung nach unterschiedlichen Konzepten. In Instituten der BBA (Biologische Bundesanstalt für Land- und Forstwirtschaft) und insbesondere der FAL (Bundesforschungsanstalt für Landwirtschaft) wird ökotoxikologische Forschung entsprechend den Aufgaben dieser Einrichtungen institutionell durchgeführt. Seitens des BMU erfolgt sie durch Projektförderung in enger Abstimmung mit dem BMBF. Inhaltlich ist die Abgrenzung zwischen BMBF- und BMU-geförderter Forschung fließend, jedoch durch die Koordination unproblematisch.

Insgesamt zeigt diese Aufstellung – auch bei Beschränkung der Definition der Ökotoxikologie auf die Wirkungsforschung – umfangreiche, vielseitige Förderung sowie Aktivitäten und Initiativen seitens interessierter Arbeitsgruppen. Die nicht vorhandene Gesamtkoordination schränkt jedoch die Gesamtwirkung dieser Forschung im wissenschaftlichen und gesellschaftlichen Außenraum beträchtlich ein. Diese Beschränkung wird auch nicht durch die German Branch der SETAC aufgelöst, obwohl diese zumindest die Kommunikation zwischen den Akteuren fördert. Der Forderung einer Gesamtkoordination steht jedoch entgegen, dass sie viele persönliche Initiativen aus disziplinärer Sicht hemmen würde.

Bei sensibler Planung und Umsetzung könnte das empfohlene Forum Ökotoxikologie (vgl. Kapitel 7) eine Bündelung im Hinblick auf Erhöhung der Wahrnehmung und auch damit Umsetzung der Ergebnisse leisten.

3.2 Fachliche Positionierung der ökotoxikologischen Forschung in Deutschland im internationalen Vergleich

Besonders in den USA, aber auch in Japan besteht eine grundsätzlich unterschiedliche Konzeption (Paradigma) zum Schutz der Umwelt und von Ökosystemen. Daraus resultiert eine grundsätzlich unterschiedliche Zielorientierung der Forschung im Vergleich zu Europa respektive Deutschland. Dies bedeutet jedoch nicht, dass im Detail auch Forschungsfragestellungen unterschiedlich sein müssen. In Europa wurde für viele Jahre in England ein ähnlicher Ansatz wie in den USA angewandt, der mittlerweile so geändert wurde, dass in Europa weitgehend eine einheitliche Konzeption besteht.

Der Gesetzgebungs- und daraus folgend der Bearbeitungshintergrund in den drei Regionen (EU, USA und Asien) folgt den unterschiedlichen Paradigmen:

Die Forschungsförderung in der **EU** ist im Wesentlichen durch die Rahmenprogramme geprägt, wobei es das Paradigma des vorsorgenden Umweltschutzes erlaubt, prospektive Aspekte zu betrachten. Aktuell sind Fragen des „quality of life" und der integrierten Risikoabschätzung und -bewertung im Focus der Forschung.

Die Stoffgesetzgebung der **USA** fordert aufgrund des einzigartigen Paradigmas, nur bei „proof of evidence" und retrospektiv Maßnahmen ins Auge zu fassen, nur sehr wenige prospektive Aspekte. Deshalb ist die OECD-Harmonisierung von Prüfrichtlinien wohl möglich, jedoch ihre Anwendung selten[1]. In den USA besteht auch eine – im Vergleich zur EU – weitergehende Trennung zwischen einer ökologisch („wildlife") und ökotoxikologisch (Wirktypentests) orientierten Bearbeitung.

Japan hat sich weitgehend auf wenige Fragestellungen (Bioakkumulation, Persistenz) konzentriert und bearbeitet diese im Gesetzesvollzug äußerst konsequent, während Fragestellungen zur ökotoxikologischen Wirkung erst in jüngster Zeit in den Mittelpunkt gelangt sind (Beispiel: endokrin wirksame Stoffe). Zuvor standen ökotoxikologische Fragestellungen im engeren Sinne in Japan weitgehend im Hintergrund, da sie vom Gesetz nicht gefordert wurden (Beispiel: es wurde neben einfachen Fischtests nur ein 4-Stunden-Daphnientest eingesetzt).

3.2.1 Asien: Japan, China, Indonesien

In jüngerer Zeit liegen die Schwerpunkte der ökotoxikologischen Forschung in **Japan** – in Kontinuität der Vergangenheit – nach wie vor bei Fragen zu Verbleib und Mobilität von Stoffen. Hierzu gibt es eine Reihe kompetenter Arbeitsgruppen an Universitäten, aber auch in dem neu gegründeten, aus dem Chemicals Testing Laboratory hervorgegangenen „Chemicals Evaluation and Research Institute (CERI)". Weitgehend als Spin-off der Wirkstoffforschung (Pflanzenschutzmittel, Pharmazeutika) werden nicht nur bei endokrin wirksamen Stoffen Fragen des Mode-of-action, der Rezeptor-Interaktion und auch der Toxikokinetik im weiteren Sinne intensiv und kompetent bearbeitet, so dass auf diesen Feldern die japanischen Wissenschaftler international eine angemessene Rolle spielen. Als Konsequenz hieraus ergibt sich, dass z. B. in der IUPAC-Kommission, welche die Umweltauswirkungen von Pflanzenschutzmitteln bearbeitet, japanische Wissenschaftler in vielen Projek-

---

1 Pflanzenschutzmittel stellen eine Ausnahme dar. Eine detaillierte Darstellung, die auch die Unterschiede im Ansatz erläutert, enthält der OECD-Bericht „Environmental Risk Assessments and Regulatory Decisions (Risk Mitigation Measures), Evaluation of a Questionnaire to OECD Member Countries, Resulting from an International Workshop, 27–30 November 1995 under the Auspices of BMU/UBA; BML/BBA; U.S.EPA and Netherlands Ministry of Environment; Fraunhofer IRB, ISBN 3-8167-4614-4

ten hervorragende Beiträge geliefert haben, während in der Kommission, welche sich mit Fragen zum Boden- und Gewässerschutz beschäftigt, selten Beiträge aus Japan kamen. In der letztgenannten Gruppe spielen europäische Wissenschaftler die bedeutendste Rolle.

Eine geringere bis zu vernachlässigende Rolle spielt die japanische Forschung für Fragestellungen hinsichtlich Organismen-Ökotoxizität, Auswirkungen auf Populationen und auf Systeme.

Seit mehreren Jahren bestehen in Japan Bemühungen, die Beurteilung von Stoffen an das europäische Konzept anzugleichen, wobei die Verbindung zu Deutschland eine bedeutende Rolle spielt. Da die japanischen Ansätze in ihrer Komplexität über die der EU-Konzeption hinausgehen, wurden bisher kaum Fortschritte erzielt.

Obwohl in **China** Umweltschutzforschung keine besonders hohe Priorität hat, existieren seit Jahren, besonders in der Academia Sinica, einige Institute, die sich mit umweltchemischen und ökotoxikologischen Fragen schwerpunktmäßig beschäftigen. Diese Arbeiten – auch solche zu Pflanzenschutzmittel-Auswirkungen – sind wesentlich von Ansätzen und Methoden, welche in Deutschland entwickelt und angewandt werden, beeinflusst. Hier besteht auch in Zukunft ein beträchtliches Potenzial der wissenschaftlichen und praktischen Wirkung aus der BMBF-Förderung.

Indonesien beteiligte sich bisher an internationalen ökologisch orientierten Projekten (SCOPE) und ist sehr an einer Kooperation mit deutschen Instituten interessiert. Fragen der praktischen Ökotoxikologie sind hierbei auch angesprochen, so dass hier eine Chance besteht, die Ergebnisse der BMBF-Förderung einzubringen.

3.2.2 USA

Wenn auch die Paradigmen der US-EPA zum Umweltschutz sehr weit von ökotoxikologischen Fragestellungen in unserem Sinne entfernt sind, ist die Grundlagenforschung in den USA so breit, dass de facto alle Fragestellungen bearbeitet werden und es bei internationalen Projekten schwierig ist, nicht nur USA-Wissenschaftler als „die besten Beitragenden" zu etablieren. Die SETAC als Organisation der betreffenden Scientific Community (welche demnächst als globale Organisation auftreten wird) steuert auch die Grundlagenforschung in den USA auf diesem Gebiet. Ein Screening der SETAC-Zeitschrift mit vorwiegend USA-Beiträgen zeigt die Breite und quasi „Vollständigkeit" des Untersuchungs- und Forschungsspektrums. Obwohl auch Behördenwissenschaftler in der SETAC mitarbeiten, geht der Einfluss der Forschung nicht über methodische Verbesserungen hinaus.

Obwohl in der wissenschaftlichen Forschung in den USA durchaus auch die gleichen Fragestellungen bearbeitet werden wie in Europa, zeigt sich bei internationalen Konferenzen – wenn man Vorträge aus den USA und Europa vergleicht – für die USA ein Schwerpunkt in methodischen und datenerarbeitungsrelevanten Aussagen, während die Vorträge aus Europa auch einen Schwerpunkt auf ökologisch-ökotoxikologische Interpretation legen.

Für die Forschung in den USA gilt dennoch nicht die bösartige Aussage „Ökotoxikologie in den USA ist Fischereischutz". Der Hintergrund dieser Aussage ist die schwerpunktmäßige Bearbeitung – auch mit nationaler Förderung – von Themen zum „Wildlife-Schutz", der in den USA eine bedeutend größere Rolle als in Europa spielt. Wenn es sich um Alligatorenschutz im Zusammenhang mit PCB-Kontaminationen handelt, gibt es durchaus entfernte Berührungspunkte zur europäischen Ökotoxikologie. Die Ansätze gehen jedoch von unterschiedlichen Zielkonzeptionen aus.

Aufgrund der Stärke der im weitesten Sinne biologischen Umweltforschung in den USA und der hinsichtlich der Bewertungen anderen Gedankenwelt beschränkt sich die wissenschaftliche Kooperation auf mechanistische Grundlagenfragestellungen einerseits, aber auch – am anderen Ende der Forschungsskala – auf Risikoquantifizierungen, für welche die USA eine lange Tradition und wohl auch Spitzenstellung hat. Diese Spitzenstellung ist nicht zuletzt durch den grundsätzlich anderen konzeptionellen Ansatz bedingt, der vornehmlich eine retrospektive Risikoabschätzung umfasst, die eine Quantifizierung ermöglicht.

3.2.3   Europäische Union

Innerhalb der EU ist die ökotoxikologische Forschung wesentlich durch die entsprechende Forschungsförderung geprägt, welche bis zum 4. Rahmenprogramm Schwerpunkte in der Ökotoxikologie hatte. Aber auch im 5. und 6. Rahmenprogramm ist bedeutende ökotoxikologische Forschung enthalten bzw. vorgesehen. In der Anfangszeit war die Forschungsförderung insbesondere darauf gerichtet, Informationen zu den stoffbezogenen EU-Richtlinien bereits in der Vorbereitungsphase zu liefern. Aufgrund der Struktur der BMBF-Förderung (keine zwangsläufige Mitfinanzierung bei 50 %-Förderung) hatte das BMBF hier fast keinen unmittelbaren Einfluss. Mittelbarer Input erfolgte dadurch, dass Fragestellungen, die in Deutschland in aktueller Diskussion waren, in die entsprechenden EU-Antragsstellungen Eingang fanden.

Ein wichtiges Kriterium zur Beurteilung der Wirkung der Forschung ist die nationale und internationale Bedeutung für die Politikberatung. Hier sei erwähnt, dass in den beiden wissenschaftlichen Komitees der DG SANCO, welche ökotoxikologische Themen behandeln – nämlich dem Komitee für Pflanzen und dem Komitee für Toxikologie, Ökotoxikologie und Umwelt – nur im Pflanzenkomitee ein deutscher Ökotoxikologe Mitglied ist.

Obwohl durch die EU-Gesetzgebung und Forschungsförderung ein grundsätzliches gemeinsames Paradigma (nämlich Vorsorge) in den EU-Mitgliedsstaaten in der ökotoxikologischen Forschung existiert, bestehen doch länderspezifische Unterschiede in den Schwerpunkten als Resultat spezifischer Forschungsförderung und regionaler Bedürfnisse. Im Folgenden seien Beispiele genannt:

Niederlande

In den Niederlanden hat sich die ökotoxikogische Forschung schwerpunktmäßig auf die Unterstützung nationaler Gesetzgebung und Verordnungen (als Vorreiter) und damit auch für die EU-Gesetzgebung konzentriert. Selbst die universitäre Forschung in den Niederlanden und auch in Belgien hat sich in die Bedürfnisse der Politik weitgehend eingeordnet. Als Konsequenz hieraus haben die Niederlande einen unverhältnismäßig hohen Einfluss über ihre gezielten Forschungsergebnisse genommen. Wissenschaftlich gesehen existieren in den Niederlanden zu allen relevanten Themenfeldern der Ökotoxikologie Arbeitsgruppen, die zu den international anerkannten Spitzeninstituten gehören.

Skandinavische Mitgliedsstaaten

Aufgrund ihrer geografischen und klimatischen Situation haben die skandinavischen Länder – wobei Dänemark eine Zwischenstellung einnimmt – auf ihre Region fokussierte Fragestellungen mit hoher Intensität bearbeitet. Diese regionale Situation ist auch die Ursache für eine auf ein sehr hohes Schutzniveau zielende Forschung, d. h. eine Modifikation des EU-Paradigmas.

Frankreich

In Frankreich existieren trotz eher geringerer Forschungsförderung mehrere hochkompetente und international wirksame Arbeitsgruppen mit beträchtlicher Tradition. Diese sind teilweise aus der toxikologischen Forschung entstanden. Die Konzeption ist völlig in das EU-System integriert.

Großbritannien

Obwohl im Umweltschutz in Großbritannien bis zur BSE-Krise der Vorsorgegesichtspunkt eine vergleichsweise geringe Bedeutung hatte, war die ökotoxikologische Forschung – besonders unter Beteiligung an EU-Ausschreibungen – sichtbar und international anerkannt. Besonders im Bereich der aquatischen Ökotoxikologie und ökotoxikologischen Fragen der Landwirtschaft haben Arbeitsgruppen in Großbritannien Ergebnisse in die EU-Umweltgesetzgebung eingebracht. Auch diese Arbeitsgruppen haben sich in ihren Forschungsansätzen in jüngster Zeit verändert: von pragmatischen Konzepten hin zu stärkerer Vorsorgeorientierung.

Spanien

In Spanien existiert keine breite ökotoxikologische Forschung. Jedoch haben sich im letzten Jahrzehnt einige Arbeitsgruppen entwickelt, welche hochqualitative Forschung durchführen. Von diesen hat eine Arbeitsgruppe (Prof. Tarazona, INIA) durch Mitarbeit in einer Reihe von Komitees und Working Groups – insbesondere der DG SANCO – eine bedeutende Rolle in der EU-Beratung.

3.3 Förderpolitisch-strukturelle Positionierung der ökotoxikologischen Forschung in Deutschland im internationalen Vergleich

3.3.1 Europäische Kommission

Bei den Strukturen der Forschungsförderung in der EU ist zwischen den Ausschreibungen in den jeweiligen Forschungsrahmenprogrammen, die durch die Generaldirektion Forschung (DG Research) organisiert werden, und der Vertragsforschung durch die anderen Generaldirektionen zu unterscheiden. Die Rahmenprogramme geben eine detaillierte strukturelle und administrative Form vor; die allgemeinen inhaltlichen Vorgaben erfolgen in den „Key Actions", für die entsprechende Aufrufe durchgeführt werden. Nach Bildung multinationaler Verbünde mit möglichst guter Parität zwischen den Mitgliedsstaaten auf Initiative der Antragsteller werden die Formblätter eingereicht. Die Begutachtung (externe Gutachter) für „klassische" R&D-Projekte berücksichtigt eine Vielzahl von Kriterien, darunter fachliches Konzept und Kompetenz, Einhaltung der erwähnten paritätischen Verteilung zwischen den Mitgliedsstaaten, Einfügung in die entsprechende „Key Action", Community added value und beantragtes Finanzvolumen im Vergleich zum erwarteten Nutzen. Projekte im Bereich des Wissenschaftsmanagements und der Wissenschaftskommunikation („Vermarktung" von Ergebnissen, Durchführung von Workshops zur Ergebnisverbreitung und Schulung) werden insbesondere unter Berücksichtigung der Kriterien „beantragtes Finanzvolumen im Vergleich zur erwarteten Wirkung" und „Effizienz des angestrebten Informationstransfers" begutachtet. (Diese Aussagen gelten für das 5. Rahmenprogramm; die erste Antragsphase im 6. Rahmenprogramm steht noch an).

Im 6. Rahmenprogramm sollen auf der einen Seite verstärkt Netzwerke gebildet werden. Auf der anderen Seite wird auch eine bilaterale Kofinanzierung durch die EU und einen Mitgliedsstaat möglich werden.

Stärker anwendungsorientierte Vorhaben mit Bezug zu ganz aktuellen Fragestellungen werden durch die entsprechenden speziellen Generaldirektionen gefördert; im

Bereich „Ökotoxikologie" ist dies insbesondere die Generaldirektion Umwelt (DG ENV), aber auch die DG SANCO (Verbraucherschutz). Die DG ENV schreibt öffentlich aus, wobei jeder Bewerber nach Beantragung der Ausschreibungsunterlagen ein Angebot abgeben kann; das benötigte Volumen wird in der Regel voll finanziert. Die Begutachtungen erfolgen (nach Information des Fraunhofer IME) intern innerhalb der DG. In Zukunft werden – zumindest im Bereich Oberflächengewässer (marine Gewässer und Süßwasser) – Rahmenverträge mit Konsortien abgeschlossen. Institutionen innerhalb des Konsortiums werden dann je nach Bedarf angesprochen, und es erfolgen keine EU-weiten Ausschreibungen. Auf diese Weise kann sehr flexibel agiert werden, da permanent und schnell auf eine relativ große und differenziert kompetente Personalkapazität zurückgegriffen werden kann.

Die DG ENV und DG SANCO sehen sich durchaus als Zielgruppen sowohl der nationalen Forschungsförderung als auch der Forschungsförderung durch die DG RESEARCH (siehe Zielgruppenbefragung).

3.3.2   Europäische Industrieverbände

Neben der EU-Kommission fördern auch die verschiedenen europäischen Industrieverbände der Chemischen Industrie (zum Beispiel CEFIC), Metallindustrie (zum Beispiel EUROMETAUX, ECI) und Pflanzenschutzindustrie (zum Beispiel ECPA) verschiedenste Vorhaben mit ökotoxikologischen Fragestellungen. Die Vorhaben werden zum Teil im Internet ausgeschrieben und nach Begutachtung durch einberufene Gutachtergremien (zum Beispiel aus ECETOC-Mitgliedern) bewilligt. Der Finanzierungsanteil ist schwankend; in einigen Fällen werden lediglich Mittel für Doktoranden bewilligt, so dass die Universitäten ein wesentlicher Forschungsnehmer sind.

3.3.3   Förderpolitische Strukturen in den EU-Mitgliedsstaaten

Deutschland

Neben der hier schwerpunktmäßig behandelten BMBF-Förderung einschließlich der HGF existiert beträchtliche ökotoxikologische Forschungsförderung seitens der DFG, aber auch betroffener Ressorts und auch in Länderprogrammen. Die Grundlagenforschung, gefördert durch die DFG, erfolgt in der Ökotoxikologie hauptsächlich in Einzelvorhaben. Es gab jedoch auch Förderschwerpunkte, zum Beispiel zur Bodenmikrobiologie und zu Pflanzenschutzmitteln. Die Ressortforschung, welche zu beachtlichem Teil als Auftragsforschung realisiert wird, ist bei BMU und BMVEL konzentriert, wobei auch die BMVEL-eigenen Forschungseinrichtungen eigene institutionelle ökotoxikologische Forschung betreiben (zum Beispiel Institut für Umweltchemie und Ökotoxikologie der BBA). Das Land Baden-Württemberg hat seit mehreren Jahren ein eigenes ökotoxikologisches Forschungsprogramm mit einer Vielzahl von Projekten grundsätzlicher Bedeutung. Andere Bundesländer fördern ökotoxikologische Projekte in Einzelvorhaben.

Dänemark

Das dänische Pendant zum deutschen Umweltbundesamt wurde vor einigen Jahren komplett in das Forschungsministerium integriert, so dass durch dieses Ministerium sowohl Grundlagenforschung als auch angewandte Forschung im Umweltbereich gefördert wird. Das Ministerium hat ein Research Council, welches aus sechs Sub-Councils besteht, die die Forschungsförderung verwalten; es gibt jedoch keine Projektträger. Daneben wird institutionell gefördert, beispielsweise in den Bereichen Landwirtschaft, Ernährung und Umwelt. Eine grundsätzliche nationale 50 %-Beteiligung an EU-Forschungsprojekten gibt es nicht.

Frankreich

Die Förderstruktur in Frankreich ist sehr zentralistisch aufgebaut. Grundlagenforschung wird durch das Forschungsministerium gefördert, das jedoch – in etwa vergleichbar mit den deutschen Max-Planck-Instituten – Zentren an den Universitäten unterhält, die thematisch und administrativ nicht identisch sind mit den Hochschulen. Des Weiteren wird Umweltforschung im weitesten Sinn durchgeführt durch die nationalen Institute INCERN (medizinische Forschung, Gesundheit), INRA (Ernährung, Umwelt einschließlich der gesamten aquatischen Ökotoxikologie; Aufteilung etwa 95 % Umwelt und 5 % Landwirtschaft) sowie CERA (Atomforschung, Radioaktivität, ebenfalls etwas Umweltforschung). Es gibt keine „automatische" 50 %-Beteiligung an europäischen Projekten.

Italien

Die Umwelt- und Gesundheitsforschung in Italien ist zur Zeit hoch fragmentiert. Neben nationalen Einrichtungen fördern auch die Regionen relevante Forschungsthemen. Die nationale Ressortforschung ist zum gewissen Grade koordiniert und erfolgt über jährliche Schwerpunktsetzungen. Vom Umfang her gesehen besteht die größte Forschungsförderung durch das Forschungsministerium, die im Wesentlichen an Universitäten geht. Die Administration läuft über den nationalen Forschungsrat (entsprechend DFG).

Aufgrund der Fragmentierung besteht in Italien zur Zeit eine Aktivität, die eigenen Mittel dahingehend optimal zu nutzen, dass Schwerpunkte an die EU-Programme der DG RESEARCH angepasst werden. Dies wird als ein Weg gesehen, möglichst viele Projekte nach Italien zu holen. Hinsichtlich der Projektbegleitung für große

Projektverbünde und Forschungsschwerpunkte erwägt man, jeweils die begleitende und bewertende Verantwortung einem exzellenten Wissenschaftler statt den bisherigen Beiräten und Diskussionsgruppen zu übertragen.

Niederlande

Ein großer Teil der Forschung in den Niederlanden wird an Einrichtungen wie dem RIVM oder der TNO durchgeführt. Weitere Forschungsförderung erfolgt an den Universitäten. Erfolgreiche Forschung wird durch die Universitäten selbst „extra" honoriert, nicht jedoch durch den Forschungsgeber. Dazu werden der entsprechenden Arbeitsgruppe Mittel bereitgestellt, die jedem erfolgreich promovierenden Doktoranden und bei jeder Publikation in einer Peer-reviewed-Zeitschrift zur Verfügung gestellt werden. Der Betrag, der bei Publikation bereitgestellt wird, hängt vom Impact-Faktor der Zeitschrift ab. Eine erfolgreiche Arbeitsgruppe mit etwa 15 Doktoranden erhält finanzielle Mittel in der Höhe, die die Einstellung weiterer Doktoranden oder Post-Docs erlauben würde. Da die Mittel jedoch auf jährlicher Basis vergeben werden, ist es den Arbeitsgruppen nicht gestattet, damit tatsächlich Personal einzustellen. Das geschilderte System existiert lediglich an Universitäten. Forschungsinstitute oder Firmen haben kein vergleichbares Konzept.

Belgien

Ökotoxikologische Grundlagenforschung in Belgien wird auf nationaler Ebene vom Ministerium des Premierministers, Abteilung Forschung und kulturelle Dienste und auf regionaler Ebene von DWTC (Flanders Scientific Research), FWO (Institute for Scientific Research and Industry) und IWT (Institute for the Promotion of Innovation by Science and Technology in Flanders) sowie mit Forschungsgeldern der Universitäten (z. B. Gent University Research Fund) finanziert. Die eher anwendungsorientierte Forschung wird durch verschiedene regionale Umweltbehörden gefördert, z. B. AMINAL (Administration Environment, Nature and Agriculture), VMM (Flemish Environment Agency) und OVAM (Flemish Waste Agency). Je nach Art der Forschung (grundlagen- oder eher anwendungsorientiert) treten Universitäten, andere Forschungsinstitute, Auftragslaboratorien oder auch die Industrie als Projektnehmer auf.

Schweden

Für die Umweltforschung ist das Umweltministerium verantwortlich, das einen entsprechenden strategischen Fonds (MISTRA) eingerichtet hat. Dieser wird durch ein Management Board des Ministeriums verwaltet. Als große Einzelmaßnahme seitens des Erziehungsministeriums existiert FORMAS, das einer Forschungsbehörde untersteht. FORMAS-Themen sind beispielsweise Toxikologie, Medizin, Ökologie und Ökotoxikologie. Darüber hinaus gibt es das Medical Research Council, das sich mit dem öffentlichen Gesundheitswesen befasst (angesiedelt beim Gesundheitsministerium) und entsprechende Programme fördert. Die Umweltbehörde – analog zum deutschen Umweltbundesamt – befasst sich mit praxisnahen Fragestellungen im Zusammenhang mit der Umsetzung der Gesetzgebung, wobei die Analytik im Vordergrund steht. Schweden ist der einzige EU-Mitgliedsstaat, der die EU-Forschungsprojekte zu 50 % mit fördert.

Spanien

Ein nationales Programm (Promotion of General Knowledge) fördert die reine Grundlagenforschung. Ökotoxikologische Vorhaben werden meist durch Programme für Umwelt, Landwirtschaft, Ernährung oder Gesundheit finanziert, die bisher von den entsprechenden Ministerien verwaltet wurden und jetzt dem Ministerium für Forschung und Technologie zugeordnet sind. Wirtschafts- und Umwelteinrichtungen sind als Projektnehmer oder Gutachter beteiligt.

Projekte im Rahmen anwendungsorientierter Forschungsprogramme müssen kurzfristig anwendbare Ergebnisse und eine Industriebeteiligung vorweisen. Im Bereich Demonstration und Implementierung gibt es eine weitergehende Fördermöglichkeit für Innovationen in der Industrie, die auch für ökotoxikologische Themen gilt. Zusätzlich haben die Ministerien der 17 Regionen in Spanien eigene Forschungsprogramme aufgelegt.

4 Methodisches Vorgehen bei der Evaluierung der BMBF-Forschungsförderung der Ökotoxikologie

Zunächst wurden die geförderten Projekte ab 1990 **strukturiert** und systematisiert. Dies erfolgte unter Berücksichtigung folgender Kriterien:

* wissenschaftlicher Hintergrund und Zielsetzung der Fördermaßnahme

* umweltpolitischer Kontext und Rahmenbedingungen bei Antragstellung

* Gruppierung nach Grundlagenorientierung – angewandter Forschung – Anwendung/Maßnahmen

* Systematisierung nach Zielgruppen: Wissenschaft – Industrie – Gesellschaft – Behörde – Kombination von Zielgruppen.

Zur schnellen und umfassenden Übersicht über die Forschungsvorhaben, zur Strukturierung und um statistische Auswertungen unter verschiedenen Gesichtspunkten zu ermöglichen, wurden alle Projekte in eine ACCESS-**Datenbank** aufgenommen. Daran schloss sich eine Reihe von statistischen Auswertungen unter verschiedenen Gesichtspunkten an. Die Projekte von 1972 bis 1990 wurden einer kurzen zusammenfassenden Analyse unterzogen.

Aus der Gesamtheit aller Projekte wurden aus so genannten Projektfamilien **zehn Fallbeispiele** ausgewählt, anhand derer im Detail und unter Angabe von Hintergründen die Ziele der Vorhaben, ihre Durchführung, ihre Wirkung auf Zielgruppen, die Umsetzung und der Transfer der Ergebnisse sowie weiterer Forschungs- und Förderbedarf aus Sicht der jeweiligen Projektnehmer dargestellt wurden. Diese Darstellungen wurden im Rahmen der Evaluierung strukturiert zusammengefasst und ausgewertet.

Nach den intensiven Gesprächen mit den Projektnehmern der Fallbeispiele erfolgte eine schriftliche **Befragung aller Projektnehmer** mit dem Ziel, die Ergebnisse der Fallstudien statistisch auf eine breite Basis zu stellen und quantitative Aussagen über die subjektive Einschätzung des Projekterfolgs und vor allem über objektive Folgeaktivitäten, Wirkungen, Erfolgsfaktoren und Umsetzungsprobleme zu ermöglichen.

Ein weiteres, wesentliches Element der Evaluierungsstudie war die **Zielgruppenbefragung**, die den Status der Wirkungen der Projektergebnisse bei den Zielgruppen erfassen sollte. Neben der retrospektiven Fragestellung nach Ergebnistransfer und -nutzung wurde dabei auch nach der zukünftigen Rolle und Struktur der BMBF-Forschungsförderung aus Sicht der Zielgruppen gefragt.

Als letzter Arbeitsschritt des Vorhabens wurde ein **Experten-Workshop** durchgeführt, zu dem Repräsentanten verschiedener nationaler und internationaler Zielgruppen eingeladen wurden. Ziel des Workshops war nicht eine Präsentation von
Ergebnissen der Evaluierung des Förderschwerpunktes Ökotoxikologie, sondern
vielmehr die aktive Erarbeitung von Empfehlungen zur zukünftigen fachlichen und
strukturellen Positionierung der BMBF-Forschungsförderung im Bereich Ökotoxikologie.

5 Detailbearbeitung und Ergebnisse

5.1 Erstellung der Datenbank

Zur Strukturierung der Vorhaben wurden geeignete fachlich-technische und administrative Kriterien definiert, die eine stringente und eindeutige Auswertung ermöglichten. Parallel dazu wurde eine kurze Projektbeschreibung erstellt, welche die Zielsetzung, den umweltpolitischen Kontext, die anvisierten Zielgruppen, die tatsächlichen Zielgruppen und weitere Hintergründe des Projektes angibt. Diese Informationen waren für die anschließende Evaluierung unerlässlich.

5.1.1 Aufstellung geeigneter Kriterien

Die Aufstellung der Kriterien, die ein sensibler Punkt im Hinblick auf die weitere Projektdurchführung war, wurde in enger Absprache zwischen den beiden Projektpartnern Fraunhofer IME und Fraunhofer ISI sowie dem BMBF und dem Projektträger GSF vorgenommen. Die abgestimmten Kriterien bildeten den Rahmen für eine entsprechende ACCESS-Datenbankmaske, die das adäquate Instrumentarium zur Identifizierung von Projektfamilien darstellt. Sie wurde während der Bearbeitung nur aus Praktikabilitätsgründen geringfügig modifiziert, ohne jedoch inhaltliche Änderungen vorzunehmen.

5.1.2 Auswahl von Projekten

Basis für die Projektauswahl war eine Vorhabensliste des BMBF-Referates 423, die alle 207 seit 1972 geförderten Vorhaben umfasste, sowie weitere aus den BMBF-Jahresberichten 1990 bis 1996 ausgewählte Vorhaben, die sich schwerpunktmäßig mit expositionsrelevanten Fragestellungen befassen. Bei letzteren wurde stringent darauf geachtet, dass die entsprechenden Zielsetzungen einen engen Bezug zu ökotoxikologischen Fragestellungen aufwiesen. Vorhaben ausschließlich zur Verbesserung chemisch-analytischer Messmethoden wurden nicht betrachtet, um eine Verzerrung hinsichtlich der zu identifizierenden Projektfamilien zu vermeiden. Gemäß Absprache wurden alle Projekte, die seit 1990 abgeschlossen waren, in den Systematisierungsrahmen eingeordnet und zur Identifizierung von Projektfamilien herangezogen. Vorhaben, für die 2001 noch kein Abschlussbericht vorlag, wurden nicht einbezogen. Vor 1990 abgeschlossene Vorhaben wurden ausgeschlossen, da einerseits über so lange zurückliegende Projekte von den Forschungsnehmern in der Regel keine zuverlässigen Aussagen mehr zu erwarten und die zuständigen Ansprechpartner häufig nicht mehr verfügbar sind. Andererseits deckt sich der gewählte Zeitraum sehr gut mit den 1989 und 1997 formulierten Förderprogrammen.

Unter diesen Maßgaben wurden insgesamt 104 Projekte (nach FKZ) nach den erarbeiteten Kriterien ausgewertet und in die ACCESS-Datenbank übertragen. Dabei handelte es sich sowohl um Verbundvorhaben als auch um Einzelprojekte. Alle für die Evaluierungsstudie verfügbaren Informationen wurden von BMBF und GSF zur Verfügung gestellt.

5.1.3 Systematisierung und Beschreibung der ausgewählten Projekte durch Übertragung in die erstellte ACCESS-Datenbankstruktur

Die Bearbeitung oblag dem Fraunhofer IME, wobei vier Wissenschaftler beteiligt waren. Zur weitgehenden Vermeidung subjektiver Interpretationen fanden wöchentliche Besprechungen statt, in denen – falls notwendig – Annahmen abgesprochen und Randbedingungen harmonisiert wurden. Auf den folgenden Seiten ist die ACCESS-Datenbankmaske einschließlich getroffener Annahmen und Absprachen wiedergegeben; in den meisten Fällen konnten die Kriterien jedoch so formuliert werden, dass sie eindeutig sind. In einigen Fällen sind aus Gründen der Übersichtlichkeit in der folgenden Darstellung einige Schlagworte gegenüber der Datenbank-Version zusammengefasst worden. Inhaltliche Abweichungen treten nicht auf.

Die Informationen zu den einzelnen Projekten sind in sieben Formularen zusammengefasst, wobei zum Teil Informationen in Unterformularen noch detaillierter dargestellt werden können: Vorhabensbeschreibung, Förderprogramm, Ziele, fachlich-technische Beschreibung, Umsetzung, Taxa und Stoffe.

Die einzelnen Felder der Datenbank werden im Folgenden anhand dieser Formulare vorgestellt. Alle Formulare sind in ein Hauptformular eingebettet, das immer das Förderkennzeichen, den Projekttitel sowie Schaltflächen zum Öffnen der Unterformulare anbietet.

Formular 1: Allgemeine Vorhabensbeschreibung

Das erste Formular umfasst eine allgemeine Beschreibung des entsprechenden Vorhabens und bildet damit die Grundlage für die in den weiteren Formularen erfolgende Auswertung. Die Kurzfassung zum Antrag ist dem BMBF-Antragsformular entnommen, während die Zusammenfassung der Ergebnisse durch das Fraunhofer IME auf Basis der vorliegenden Abschlussberichte erstellt wurde.

Formular 1

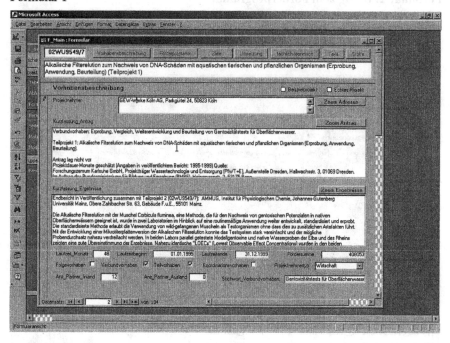

Bezeichnung der Felder	Erläuterungen
FKZ	Förderkennzeichen; wie seitens BMBF vergeben.
Titel des Vorhabens	Wie im BMBF-Formular aufgeführt. Handelt es sich um ein Teil-vorhaben, so wurden Titel des Gesamtvorhabens sowie des Teil-vorhabens angegeben.
Projektnehmer	In einem Unterformular sind, soweit recherchierbar, nähere aktua-lisierte Informationen zum Projektleiter oder Ansprechpartner zusammengestellt.
Kurzfassung des Antrags	Wurde – falls vorliegend – aus dem Antragsformular des BMBF entnommen; dieses Formular lag bei einigen älteren Anträgen nicht vor, hier wurde aus dem Gesamtantrag durch das Fraunhofer IME eine Kurzfassung erstellt. Zur besseren Lesbarkeit im Unterformular darstellbar.
Kurzfassung der Ergebnisse	Die Zusammenfassung der Ergebnisse wurde durch das Fraunhofer IME auf Basis der vorliegenden Abschlussberichte erstellt. Zur besseren Lesbarkeit im Unterformular darstellbar.
Beispielprojekt	Kennzeichnung, ob das Projekt als Fallbeispiel für eine detaillierte Bewertung verwendet wurde.
Echtes Projekt	Kennzeichnung, ob das Projekt für bestimmte Auswertungen (s. u.) gewertet wurde. Aus einem Verbund wurde beispielsweise immer nur ein Projekt, in der Regel das Koordinierungsvorhaben, als echtes Projekt gewertet. Folgeprojekte wurden ebenfalls nicht als echte Projekte verwendet.

Formular 2: Bezug zum Förderprogramm

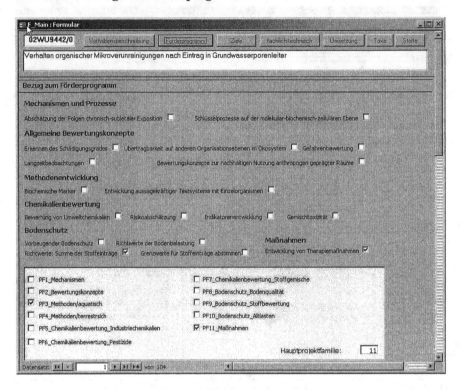

Da ein wesentlicher Teil der Evaluierung eine Spiegelung der erzielten Ergebnisse und Wirkungen bei Zielgruppen und Anwendern an den ursprünglichen Rahmenbedingungen und damit an der Förderpolitik des BMBF war, umfasst das zweite Formular eine Auswertung der Vorhaben in Hinblick auf deren Bezug zum jeweiligen Förderprogramm. Die Ziele wurden den BMBF-Förderprogrammen 1989–1994 und 1997 entnommen und verschlagwortet, wobei auf eine weitgehende Analogie der Begriffe zum Gesprächsleitfaden für die Projekt-Fallstudien (siehe Abschnitt 5.3.2) geachtet wurde. Lagen Aussagen zum Bezug zum Förderprogramm durch die Projektnehmer vor (in einigen Anträgen wurde unmittelbar Bezug genommen), so wurden diese übernommen. In allen anderen Fällen wurde eine Auswertung durch die Bearbeiter des Fraunhofer IME durchgeführt.

Nach Absprache mit dem BMBF wurden elf Projektfamilien – d. h. thematische Schwerpunkte, denen die einzelnen Projekte zugeordnet wurden – gebildet. Die einzelnen Projekte konnten in der Regel mehreren Projektfamilien zugeordnet werden, für jedes Projekt wurde jedoch auch eine Hauptprojektfamilie festgelegt.

Formular 3: Zielsetzung und Zielgruppen

Die wissenschaftlich-technische und die anwendungsbezogene Zielsetzung sowie die tatsächlich durchgeführte Umsetzung der Ergebnisse ist ein weiterer zentraler Bestandteil der Auswertung. Auch hier steht die übergeordnete Intention der Evaluierung, nämlich der Abgleich der Wirkungen auf Zielgruppen mit den Zielformulierungen, im Vordergrund. Bei der Verschlagwortung der wissenschaftlichen Untersuchungsziele wurde – sofern möglich – auf eine Übernahme der Begriffe aus Formular 2 (Bezug zum Förderprogramm) geachtet, um den entsprechenden Bezug herstellen zu können.

Kriterium	Schlagwort	kursiv: Erläuterungen

Wissenschaftliches Untersuchungsziel

- Extrapolation Labor – Freiland
- Testentwicklung
- Teststandardisierung
- Testvereinfachung
- Testautomatisierung
- Testharmonisierung
- Umweltzustand
- Altlast
  Chemikalien werden nicht „aktiv" zugegeben, sondern es werden Altlastenstandorte analysiert und bewertet
- Indikatorenentwicklung
- Biomarker
- Eintrag
- Vorkommen
- Verbleib
- Wirkung akut und chronisch
- Gefährdungsabschätzung
- Risikoabschätzung
- Schadensausmaß
- Bewertung der Belastbarkeit
- Änderung des wissenschaftlichen Untersuchungszieles
  Änderungen der Zielsetzung während der Projektbearbeitung sind möglich und sollten dokumentiert werden

Anwendungsorientierung der Zielsetzung

- Grundlagenorientierung/Erkenntnisgewinn
- Angewandte Grundlagen
- Vorbereitung Gesetzesvollzug
- Gesetzesvollzugsüberwachung
- Verfahrensentwicklung
- Grenzwerte für ein Kompartiment
- Grenzwerte Abstimmung zwischen Kompartimenten
- Fragestellung öffentlichen Interesses

Zielgruppe

- Wirtschaft/Interessensverband
- Wissenschaft
- Behörde
- Gesellschaft/Öffentlichkeit/Verbraucher
- Zielgruppenkomplex
  mehrere, miteinander verknüpfte Zielgruppen
- Wertschöpfungsakteure
  Zielgruppen entlang der Wertschöpfungskette

Formular 4: Umsetzung

Die beabsichtigte oder erfolgte Umsetzung war in der Regel nicht aus Antrag oder Abschlussbericht zu entnehmen und wurde daher von Mitarbeitern des Fraunhofer IME eingeschätzt (beabsichtigte Umsetzung) oder nur eingetragen, wenn Informationen vorlagen (erfolgte Umsetzung). Fehlende Einträge bei Publikationen bedeuten daher z. B. nicht unbedingt, dass die Projektergebnisse nicht veröffentlicht wurden. Diese Informationen wurden jedoch bei der schriftlichen Befragung der Projektnehmer erfasst und auch ausgewertet (vgl. Kapitel 5.4).

Kriterium	Schlagwort	*kursiv: Erläuterungen*

Kriterium	Schlagwort
Beabsichtigte Umsetzung: **Wie?**	• Wissenschaftliche Nutzung • Formulierung neuer Umweltschutzziele • Modifizierung bestehender Umweltschutzziele • Eingang freiwilliger Selbstverpflichtung • Beantwortung aktueller Fragestellungen
Beabsichtigte Umsetzung: **Wo?**	• BMU/UBA • BML/BBA • BMBF • Länder • Kommune/Kreis/Region • EU DG III *jetzt DG Enterprise* • EU DG IV *jetzt DG Crop Protection* • EU DG XI *jetzt DG Environment* • EU DG XII *jetzt DG Research* • EU DG XXIV *jetzt DG SANCO* • OECD • IUPAC • VCI *Synonym für den Verband und einzelne Mitgliedsfirmen (Chemische Industrie)* • IVA *Synonym für den Verband und einzelne Mitgliedsfirmen (PSM-Hersteller)* • ECPA *Europäischer PSM-Verband* • EUROMETAUX *Europäischer Verband der Metallindustrie*

Formular 5: Fachlich-technische Details

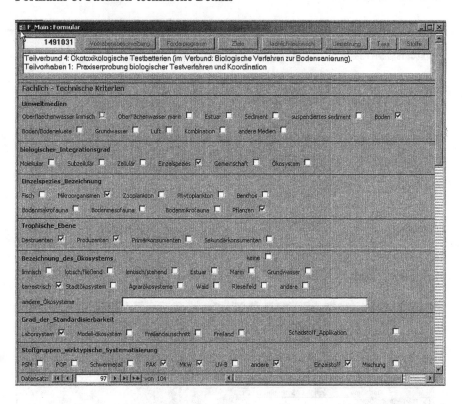

Zur Erleichterung der Evaluierung und zur Bereitstellung weiterer wichtiger Hintergrundinformationen zum jeweiligen Projekt wurden eine Reihe fachlich-technischer Details über die untersuchten Umweltmedien, Integrationsgrad, trophische Ebenen, Ökosystemtyp, Testsystem, Stoffklassen und (nicht dargestellt in der Bildschirmkopie) statistische Verfahren dargestellt.

Formular 6: Taxa

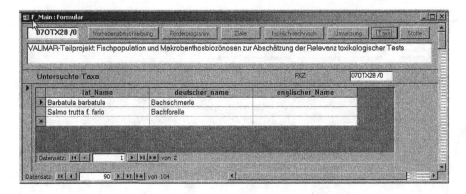

Dieses Formular enthält eine Aufstellung der getesteten Organismen.

Formular 7: Stoffe

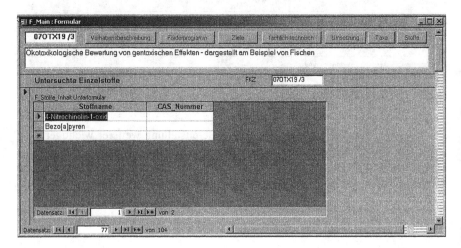

Dieses Formular enthält eine Aufstellung der betrachteten Chemikalien einschließlich Identifizierung über CAS-Nummern.

5.2   Auswertung der Datenbank

Insgesamt sind 104 Einzelprojekte (nach FKZ) erfasst worden. Werden Teilprojekte und Folgeprojekte außer Acht gelassen, bleiben 40 „echte" (unabhängige) Projekte übrig. 21 FKZ waren Einzelprojekte, so dass ca. 80 % aller Projekte Teile eines Verbundes oder selbst Verbünde darstellten.

Die erfassten Projekte hatten insgesamt ein Fördervolumen von 54.636.542 DM, so dass sich ein durchschnittliches Fördervolumen von 530.452 DM je FKZ[2] und 1.332.599 DM je „echtem" Projekt ergibt.

5.2.1   Projektnehmer

Gut die Hälfte der Projekte wurden von Hochschulinstituten bearbeitet. Den zweit-größten Anteil (ca. ein Viertel) stellten Behörden. Außeruniversitäre Forschungs-institute und privatwirtschaftlich geführte Einrichtungen waren in etwa gleich stark vertreten (8–13 %). Anzahl der Projekte und Fördervolumina waren sehr ähnlich verteilt.

Abbildung 3:   Verteilung von Projekten (FKZ) und Fördervolumen auf die Pro-jektnehmertypen

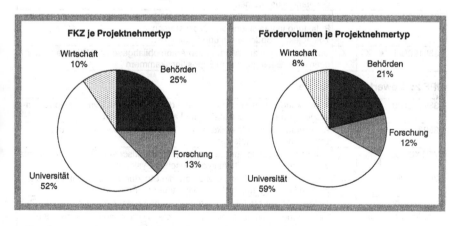

---

2   Für ein Projekt war die Fördersumme nicht bekannt, so dass hier nur 103 Projekte berücksichtigt wurden.

5.2.2 Projektfamilien

In Tabelle 1 sind alle 40 „echten" Projekte nach der ihnen zugeordneten Hauptprojektfamilie aufgelistet.

Knapp ein Viertel der Projekte (und Projektmittel) wurden in erster Linie der Projektfamilie „Bewertungskonzepte" zugeordnet (Abbildung 4). An zweiter Stelle
folgten „Aquatische Methoden". Der Vergleich von FKZ und „echten" Projekten
zeigt, das hier größere Verbünde gefördert wurden (z. B. Verbund zur Methodenentwicklung Rheinüberwachung, VALIMAR, Genotoxizität in Oberflächengewäs-
sern). Einen relativ großen Anteil stellt außerdem die Projektfamilie „Boden-
schutz/Altlasten". Auch hier sind dafür vor allem Verbünde verantwortlich.

Tabelle 1: Liste der 41 „echten" Projekte
(sortiert nach HPF = Hauptprojektfamilie,
Bsp. = als Fallbeispiel ausgewählt, VB = Verbundprojekt

FKZ	Bsp.	VB	Titel des Vorhabens (z. T. gekürzt)
HPF 1: Mechanismen			
07OTX07/3			Quantifizierung solarer UV-B-Wirkungen in Expositionsversuchen mit Pflanzen
0339132A			Auswirkungen luftgetragener Schadstoffe auf Boden und Vegetation von Grünlandökosystemen
0339302A		X	Übertragbarkeit und Präzisierung der Wirkungsmechanismen chemischer Belastung in verschiedenen Ökosystemen Teilprojekt 1: Bodenfauna und Streuabbau
0339190B/1	X	X	Untersuchungen zur Wirkung von Automobilabgasen auf Pflanzen unter definierten Bedingungen in Expositionskammern
HPF 2: Bewertungskonzepte			
0339200D/0		X	Auswirkungen von Fremdstoffen auf die Struktur und Dynamik von aqua-tischen Lebensgemeinschaften im Labor und Freiland
0339321A/7		X	Auswirkungen von Chemikalien auf Terrestrische Ökosysteme unter-schiedlichen Stabilitätstyps
07OTX09/5			Simulationsmodelle zur Extrapolation biozönotischer Effekte beim Einsatz von Pflanzenschutzmitteln in aquatischen Systemen
07OTX01/8		X	Auswirkungen von Fremdstoffen auf die Struktur und Dynamik von aqua-tischen Lebensgemeinschaften im Labor und Freiland
0339286A/3			Mathematische Modelle zur Charakterisierung der ökologischen Stabilität
07OTX21/4	X	X	Validierung und Einsatz biologischer, chemischer und mathematischer Tests zur Bewertung der Belastung kleiner Fließgewässer. Koordination, Limnochemie und Ultrastruktur in vivo
0339240A/5		X	Erarbeitung von ökosystemaren Bewertungsstrategien zur Beurteilung der Umweltgefährlichkeit von Chemikalien mit Hilfe von unterschiedlich hoch integrierten Ökosystemausschnitten und mathematischen Modellen
0339069A		X	Verbundforschung Fallstudie Harz: Schadstoffbelastung, Reaktion der Ökosphäre und Wasserqualität. Teilvorhaben 4: Untersuchung der See-sedimente in der Sösetalsperre

Fortsetzung

Fortsetzung Tabelle 1

FKZ	Bsp.	VB	Titel des Vorhabens (z. T. gekürzt)
HPF 3: Methoden/aquatisch			
0339299D/2	X	X	Entwicklung, Erprobung und Implementation von Biotestverfahren zur Überwachung des Rheins Teilvorhaben 2: Verhaltensfischtest und Bakterientoximeter
0339281A/9			Entwicklung eines neuen Frühwarnsystems für starke Umweltbelastung durch Messung der Aktivierung definierter, universell vorkommender Stressgene bei ausgewählten Indikatororganismen
02WU9663/0		X	Entwicklung eines Fischtests zum Nachweis endokriner Wirkungen in Oberflächengewässern
02WU9563/2	X	X	Erprobung, Vergleich, Weiterentwicklung und Beurteilung von Gentoxizitätstests für Oberflächenwasser Teilprojekt 15: Koordination des Verbundvorhabens
HPF 4: Methoden/terrestrisch			
0339287A/4			Weiterentwicklung und ökologische Bewertung des Enchytraeen-Testverfahrens – Ableitung tatsächlicher Schadstoffwirkungen; Bedeutung Subtoxischer Belastungen für das Freiland
0339192A	X		Entwicklung und Anwendung von Analysenverfahren zur Metallspeziesanalyse durch Online-Kopplung von HPLC und ICP
0339144A			Mobile Messtechnik zur Bestimmung biotischer und abiotischer Faktoren in terrestrischen Ökosystemen
HPF 5: Chemikalienbewertung/Industriechemikalien			
0339443A			Langfristige Auswirkungen des Stoffeintrages durch atmosphärische Deposition auf die Grundwasserbeschaffenheit des Festgesteinbereiches
OTX20/03			Erarbeitung von Qualitätssicherungsmaßnahmen für chemisch-analytische Verfahren zur Bestimmung von PAKs und PCBs in Böden und anderen Umweltmedien
07OTX19/3	X	X	Ökotoxikologische Bewertung von gentoxischen Effekten – dargestellt am Beispiel von Fischen
07DIX07/8	X		Untersuchungen des atmosphärischen Eintrags polychlorierter Dibenzo-p-dioxine und Dibenzofurane in Futterpflanzen
HPF 6: Chemikalienbewertung/Pestizide			
0339050A	X	X	Untersuchungen zur Auswirkung eines langjährigen Einsatzes von Pflanzenschutzmitteln am Standort Ahlum bei unterschiedlichen Intensitätsstufen und Entwicklung von Bewertungskriterien
0339038A			Untersuchungen zum Eintrag von Pflanzenschutzmittel-Rückständen in das Grundwasser im Rahmen zweier Großversuche unter günstigen und ungünstigen hydrogeologischen Umständen
HPF 7: Chemikalienbewertung/Stoffgemische			
07OTX04/0	X	X	Etablierung und Anwendung eines kombinierten Testsystems zur Beurteilung der Toxizität umweltrelevanter Schadstoffe in Böden (Teil Heidelberg)
07OTX16/0	X	X	Vorhersagbarkeit und Beurteilung der aquatischen Toxizität von Stoffgemischen – Multiple Kombinationen von unähnlich wirkenden Substanzen in niedrigen Konzentrationen
HPF 8: Bodenschutz/Bodenqualität			
0339208C	X	X	Untersuchungen der Mikropilzflora des Bodens und der Rhizosphäre unter dem Einfluss organischer Schadstoffe
0339312B			Erfassung ökologischer Konsequenzen von Herbizidanwendung und Verunkrautung im Raps und Entwicklung von Strategien zur Minimierung des Herbizideintrages in den Boden

Fortsetzung

Fortsetzung Tabelle 1

FKZ	Bsp.	VB	Titel des Vorhabens (z. T. gekürzt)
HPF 9: Bodenschutz/Stoffbewertung			
0339376A			Defizite im Kontext Bodenschutz und administrative Maßnahmen (Grundlagen einer Konzepterstellung der Bodenforschung und inhaltliche und instrumentelle Konsequenzen für das Konzept)
07OTX03/0	X		Entwicklung analytischer Methoden zur Erfassung biologisch relevanter Belastungen von Böden
0339353A			Transfer von Dioxinen aus unterschiedlich stark Dioxin-belasteten Böden in Nahrungs- und Futterpflanzen
HPF 10: Bodenschutz/Altlasten			
0339510		X	Diagnostische Methoden zur Abschätzung des Gefährdungspotenzials schwermetallbelasteter Böden – Charakterisierung der Bindungsstärke und Bindungsform
07OTX08D/2	X	X	Bodenökologische Untersuchungen zur Wirkung und Verteilung von organischen Stoffgruppen (PAK,PCB) in ballungsraumtypischen Ökosystemen
1491031	X	X	Teilverbund 4: Ökotoxikologische Testbatterien (im Verbund: Biologische Verfahren zur Bodensanierung) Teilvorhaben 1: Praxiserprobung biologischer Testverfahren und Koordination
HPF 11: Maßnahmen			
02WU9442/0			Verhalten organischer Mikroverunreinigungen nach Eintrag in Grundwasserporenleiter
0339601		X	Verringerung der Bioverfügbarkeit von Schwermetallen in kontaminierten Böden durch Zugabe von Eisenoxid
07UVB03/6			Wirkungen und Wirkungsmechanismen erhöhter UV-B-Strahlung in Kombination mit den variablen Umweltfaktoren Temperatur und CO_2-Gehalt bei Nutzpflanzen
07UVB06/9			Auswirkungen erhöhter solarer und artifizieller UV-B-Strahlung, teilweise in Kombination mit erhöhter CO_2-Konzentration und/oder Temperatur auf Wachstum, Anpassung, Photosynthese und Ertrag von ausgewählten Nutzpflanzen und Kultursorten
07UVB07/0			Schutzfunktion von Carotinoiden gegenüber phototoxischen UV-B-Schädigungen des Pflanzenstoffwechsels

Werden die möglichen Zuordnungen zu mehreren Projektfamilien berücksichtigt, steigt der Anteil der Projekte, die sich mit Chemikalienbewertung befassten, an (Abbildung 5). In Bezug auf die Kosten je Einzelprojekt (FKZ) sind keine größeren Unterschiede festzustellen. Lediglich Projekte zur Entwicklung von Maßnahmen waren offenbar im Mittel etwas teurer. In allen folgenden Darstellungen wird eine Mehrfachzuordnung zu den Projektfamilien vorgenommen.

Abbildung 4: Verteilung der Projekte und Fördergelder nach der zugeordneten
Hauptprojektfamilie

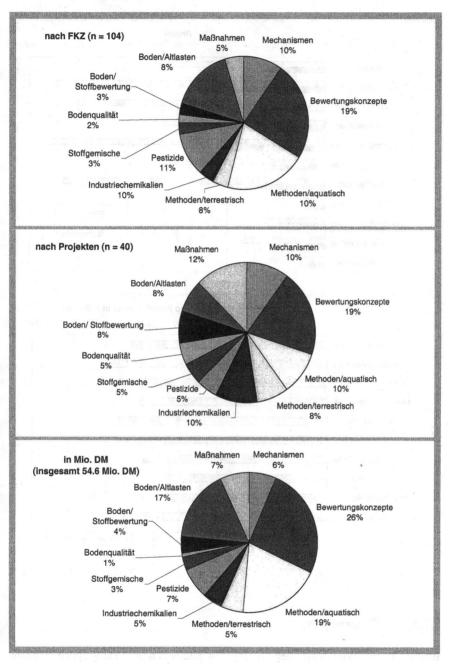

Abbildung 5: Verteilung der FKZ und „echten" Projekte auf die einzelnen Projektfamilien und Kosten je Projektfamilie

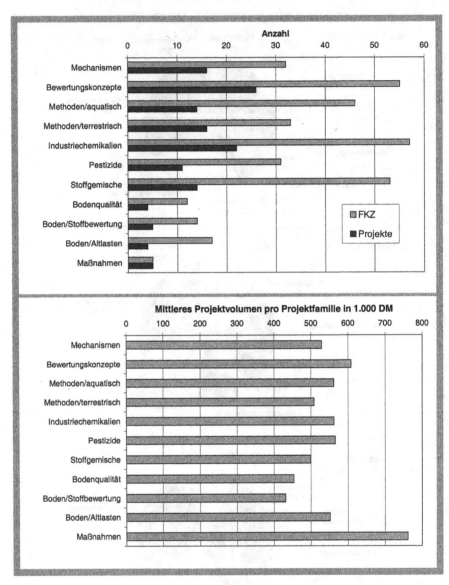

5.2.3 Zielgruppen

Behörden und Wissenschaftler wurden am häufigsten als Zielgruppen genannt
(Abbildung 6). Wirtschaft und Interessenvertreter waren deutlich seltener und Wert-

schöpfungsakteure nie im Fokus der Projekte. Die Zielgruppe zeigt keinen Zusammenhang mit dem mittleren Volumen der Projekte.

Abbildung 6: Verteilung der FKZ und „echten" Projekte auf die einzelnen Zielgruppen und Kosten je Zielgruppe

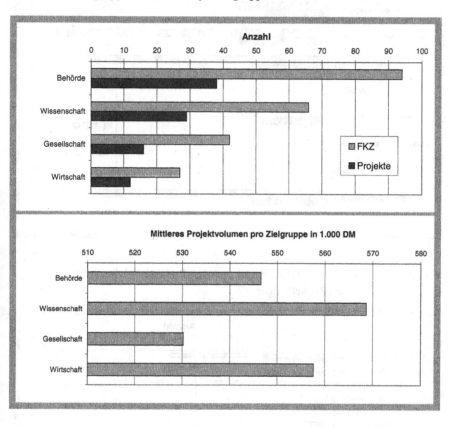

5.2.4 Zielsetzung

Analog zur Verteilung auf die Zielgruppen stehen in der geplanten Anwendung die wissenschaftliche Nutzung (Grundlagenorientierung und angewandte Grundlagen) und die Vorbereitung für den Gesetzesvollzug im Vordergrund (Abbildung 7). Etwa die Hälfte der Projekte bearbeitete aktuelle Fragestellungen öffentlichen Interesses. Bei der Wissenschaftliche Zielsetzung dominierten Entwicklung von Testsystemen und Indikatoren sowie die Analyse des Umweltzustandes oder von chronischen Wirkungen (Abbildung 8).

Abbildung 7: Verteilung der FKZ und „echten" Projekte auf die einzelnen Anwendungsziele

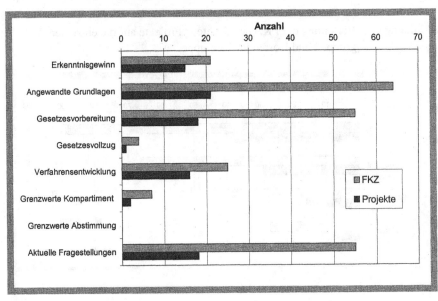

Abbildung 8: Verteilung der FKZ und „echten" Projekte auf die wissenschaftlichen Zielsetzungen

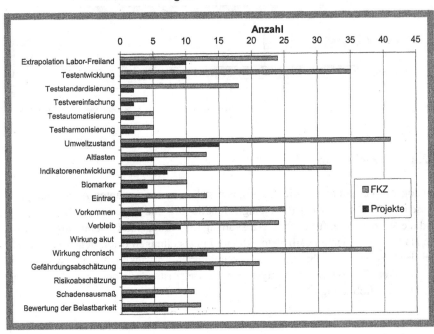

5.2.5   Umsetzung

Eine Umsetzung der Projektergebnisse wurde am häufigsten in der Wissenschaft erwartet, gefolgt von der Vorbereitung des Gesetzesvollzugs. Häufig wurde auch die Beantwortung aktueller Fragestellungen (z. B. Wirkung des Sauren Regens) als Umsetzung angesehen.

Von Behörden oder Interessensverbänden als Zielgruppen der Projekte wurden am häufigsten das Umweltbundesamt oder das BMU sowie das BMBF genannt. Des Weiteren wurde verstärkt eine Umsetzung auf Kommunal- und Landesebene erwartet, während die EU-Ebene seltener angesprochen wurde. Ebenfalls selten wurde eine Umsetzung in der Wirtschaft erwartet.

Abbildung 9:   Verteilung der FKZ und „echten" Projekte auf die Kategorien der geplanten Umsetzung

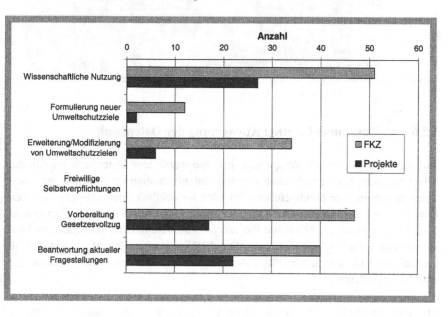

50

Abbildung 10: Verteilung der FKZ und „echten" Projekte auf die Adressaten der
geplanten Umsetzung

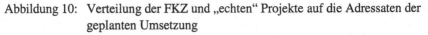
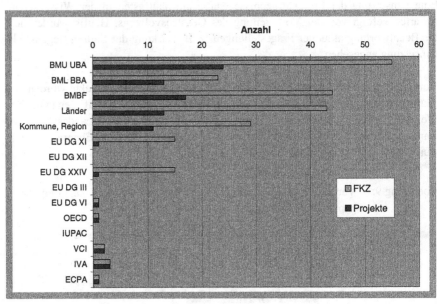

5.2.6   Zusammenfassung: Auswertung der Datenbank

Auf der Basis der Projektanträge und -berichte wurde eine Datenbank erstellt, die
neben den detaillierten fachlichen Inhalten und administrativen Informationen eine
Systematisierung der durchgeführten Projekte hinsichtlich ihres umweltpolitischen
Kontextes und der anvisierten und tatsächlichen Zielgruppen umfasste. Die Daten-
bankerstellung und anschließende Projektsystematisierung hatte zum Ziel, ein Tool
zu erarbeiten, das jederzeit einen schnellen, EDV-gestützten Zugriff auf wesentliche
Projektinformationen einschließlich der Möglichkeit einer einfachen statistischen
Auswertung erlaubt.

Eine nach ausgewählten Gesichtspunkten durchgeführte Auswertung der Datenbank
ergab folgende Fakten: Der Großteil der geförderten Forschung (ca. 80 % der
erfassten 104 Projekte) wurde in Verbünden geleistet. Dabei betrug das mittlere
Fördervolumen pro Projekt 530.452 DM respektive 1,3 Mio. DM je Verbund bzw.
je zusammengefassten Folgeprojekten. Gut die Hälfte der Forschungsnehmer waren
Hochschulinstitute, gefolgt von Forschungseinrichtungen der Behörden wie beispielsweise denen der BBA (ca. 25 %). Auf der Basis der Projektanträge und
-berichte konnten Wissenschaft und Behörden (am häufigsten BMU/UBA) als die
primären Zielgruppen der Förderprogramme identifiziert werden. Dem entsprechend standen in der geplanten Anwendung und Umsetzung die wissenschaftliche

Nutzung und die Vorbereitung für den Gesetzesvollzug (auf Kommunal- und Landesebene, selten auf EU-Ebene) im Vordergrund, oft in Bezug auf aktuelle Fragestellungen öffentlichen Interesses. Eine Umsetzung in der Wirtschaft wurde selten erwartet.

Diese Ergebnisse decken sich mit denjenigen der Projektnehmerbefragung. Nach Angabe der Projektnehmer waren beispielsweise Behörden und Wissenschaft die am häufigsten genannten Zielgruppen. Die Forschungsergebnisse dienten vornehmlich der Beantwortung aktueller Fragestellungen von öffentlichem Interesse sowie der Vorbereitung des Gesetzesvollzugs. Das Ziel einer Umsetzung in der Wirtschaft wurde seitens der Projektnehmer ebenfalls selten gesehen. Diese exemplarischen Vergleiche der in der Datenbank abgelegten Einschätzung mit derjenigen der Projektnehmer zeigt eine gute Übereinstimmung, damit auch ein gutes Maß an Objektivität und somit Nutzbarkeit der Datenbank als Informations- und Analysetool für weitere Fragestellungen.

5.3   Analyse typischer Fallbeispiele

Aus der Gesamtheit aller Projekte, die in der Datenbank erfasst sind, wurden zehn Fallbeispiele ausgewählt. Es ist Zweck der Fallstudien, zu einer qualitativen Einschätzung der Projektabwicklung und des Projekterfolgs, der Identifizierung von konkreten Zielgruppen, der objektiven Wirkungen bei den Zielgruppen, d. h. Art und Ausmaß der Nutzung der Ergebnisse durch Zielgruppen, der Erfolgsfaktoren und Umsetzungsprobleme, des Informationstransfers in die Scientific Community, der Kontinuität der Thematik über die Projektlaufzeit hinaus, der Bildung von Kooperationen und Netzwerken sowie der Nutzung des Wissens in der Fach- und Politikberatung zu gelangen. Die qualitative Einschätzung beruht auf persönlichen und telefonischen Interviews mit Hilfe eines Gesprächsleitfadens, der den Projektnehmern zuvor zur Kenntnis zugeschickt wurde (siehe Anhang A.1). Die Interviews wurden durch Zusammenfassungen entsprechend der oben genannten Aspekte ausgewertet.

Die Fallstudien ergänzen die statistische Auswertung der Projektnehmerbefragung (Kapitel 5.4) durch eine verbal-argumentative und interpretierende Darstellung derselben Sachverhalte.

5.3.1   Procedere zur Auswahl von Fallbeispielen

Ziel war die Identifizierung von Projektfamilien, aus denen anschließend insgesamt etwa zehn Fallbeispiele für die Projektnehmerbefragung ausgewählt werden sollten. Die Auswahl erfolgte folgendermaßen:

Zunächst wurden die in der Datenbank unter dem Kriterium „Bezug zum Förder-programm" genannten Schlagworte zu insgesamt sechs verschiedenen Themen-gruppen zugeordnet, die zum Teil weiter differenziert wurden, so dass elf Projekt-familien definiert werden konnten. Anschließend erfolgte eine EDV-gestützte Zuordnung aller in der Datenbank erfassten (Teil-)Projekte zu den Projektfamilien auf der Basis der dort bereits vorgenommenen Klassifizierungen und Bewertungen. Anschließend wurde mittels Expertenabschätzung ein Fallbeispiel pro Projektfami-lie ausgewählt. Hierbei wurde zwischen Projekten mit Priorität 1 (ausgewählte Fall-beispiele) und mit Priorität 2 (mögliche Fallbeispiele) unterschieden, um „Ersatz-projekte" für die Befragung zu haben für den Fall, dass sich Interviews als nicht möglich erweisen.

Folgende Zuordnungen wurden getroffen:

Schlagworte in der Datenbank, die den Themengruppen zugeordnet wurden:	Ziele der BMBF-Förder-programme, zusammengefasst nach Themengruppen:
• Abschätzung der Folgen chronisch-sublethaler Exposition • Schlüsselprozesse auf molekular-biochemisch-subzellulärer Ebene	➜ 1. Grundlegende Mechanismen und Prozesse
• Erkennen des Schädigungsgrades • Übertragbarkeit auf andere Ökosysteme • Gefahrenbewertung • Langzeitbeobachtung • Bewertungskonzepte zur nachhaltigen Nutzung anthropogen geprägter Räume	➜ 2. Allgemeine Bewertungskonzepte
• Entwicklung aussagekräftiger Testsysteme an Einzelorganismen • Biochemische Marker	➜ 3. Methoden(entwicklung)
• Bewertung von Umweltchemikalien • Risikoabschätzung • Indikatorenentwicklung • Gemischtoxizität	➜ 4. Chemikalienbewertung
• Vorbeugender Bodenschutz • Abstimmung von Grenzwerten für Stoffeinträge • Richtwerte der Bodenbelastung • Richtwerte der Summe der Stoffeinträge	➜ 5. Bodenschutz
• Entwicklung von Therapiemaßnahmen	➜ 6. Maßnahmen

Die sechs genannten Themengruppen bildeten die Basis für eine weitere Differenzierung zur Benennung von Projektfamilien.

Themengruppen:	Weitergehende Differenzierung; Ergebnis: elf Projektfamilien
1. Grundlegende Mechanismen und Prozesse	Keine weitere Differenzierung
2. Allgemeine Bewertungskonzepte	Keine weitere Differenzierung
3. Methoden(entwicklung)	a) terrestrisch b) aquatisch
4. Chemikalienbewertung	a) Industriechemikalien b) Pflanzenschutzmittel, Biozide c) Stoffgemische
5. Bodenschutz	a) Bodenqualität (außer Altlasten) b) Bewertung von Stoffen in Böden c) vorbeugender Bodenschutz (Altlasten)
6. Maßnahmen	Keine weitere Differenzierung

Da sich in der Durchführung in einigen Fällen weder die unter Priorität 1 noch die unter Priorität 2 ausgewählten Beispiele als tatsächlich repräsentativ erwiesen, konnten einige Projektfamilien nicht berücksichtigt werden; in anderen Fällen wurden pro Projektfamilie zwei Fallbeispiele bearbeitet. Nicht betrachtete Projektfamilien waren somit nur in die Gesamtbefragung aller Projektnehmer einbezogen. Folgende zehn Fallbeispiele wurden bearbeitet und ausgewertet:

Projektfamilie	Projekttitel Fallbeispiel
Allgemeine Bewertungskonzepte	• Verbundvorhaben: Validierung und Einsatz biologischer, chemischer und mathematischer Tests zur Bewertung der Belastung kleiner Fließgewässer (VALIMAR)
Methodenentwicklung/ aquatisch	• Verbundvorhaben: Erprobung, Weiterentwicklung und Beurteilung von Gentoxizitätstests für Oberflächengewässer
Methodenentwicklung/ terrestrisch	• Entwicklung und Anwendung von Analysenverfahren zur Metallspeziesanalytik durch Online-Kopplung von HPLC und ICP
Chemikalienbewertung/ Industriechemikalien	• Ökotoxikologische Bewertung von gentoxischen Effekten – dargestellt am Beispiel von Fischen

Projektfamilie	Projekttitel Fallbeispiel
	• Untersuchungen des atmosphärischen Eintrags polychlorierter Dibenzo-p-dioxine und Dibenzofurane in Futterpflanzen
Chemikalienbewertung/ Stoffgemische	• Vorhersagbarkeit und Beurteilung der aquatischen Toxizität von Stoffgemischen – Multiple Kombinationen von unähnlich wirkenden Substanzen in niedrigen Konzentrationen
Bodenschutz/Bodenqualität/Stoffbewertung	• Entwicklung analytischer Methoden zur Erfassung biologisch relevanter Belastungen von Böden
	• Etablierung und Anwendung eines kombinierten Testsystems zur Beurteilung der Toxizität umweltrelevanter Schadstoffe in Böden
Vorbeugender Bodenschutz/Altlasten	• Verbundvorhaben: Bodenökologische Untersuchungen zur Wirkung und Verteilung von organischen Stoffgruppen (PAK, PCB) in ballungsraumtypischen Ökosystemen („Rieselfelder")
	• Verbundvorhaben: Ökotoxikologische Testbatterien

In den Projektfamilien „Grundlegende Mechanismen und Prozesse" und „Maßnahmen" waren keine repräsentativen Projekte identifizierbar. Im Bereich „Chemikalienbewertung (PSM)" war keine Befragung möglich; eine Einbindung der BBA, die in diesem Fall Projektnehmer war, erfolgte durch Zielgruppenbefragung und Workshopteilnahme.

5.3.2 Ergebnisse der Fallbeispiel-Analysen

Die Interviews der befragten Projektnehmer wurden unter den Stichworten

- Initiative zur Antragstellung; Unterstützung des BMBF bei Antragstellung und Durchführung
- Fachliche und technische Probleme bei der Durchführung
- Maß der Zielerreichung
- Umsetzung, Resonanz und Transfer der Ergebnisse im In- und Ausland; Hilfestellung des BMBF
- Vergleich des Forschungsstandes mit der internationalen Forschung
- Beurteilung des BMBF in der Förderlandschaft

zusammenfassend ausgewertet. Dazu wurden getrennt nach Projektfamilien zunächst relativ ausführliche Analysen angefertigt, die ihrerseits zusammengefasst wurden. Hilfe bei der Auswertung war die Tatsache, dass durch die telefonisch oder persönlich geführten Interviews Hintergründe und Begründungen für bestimmte Situationen oder Einschätzungen durch die Fallbeispiel-Projektnehmer bekannt waren, die in die vorliegende Auswertung einfließen konnten. Weiterhin von Vorteil war die Kenntnis der „Szene" durch die Mitarbeiter des Fraunhofer IME. Hinweise zur Unterscheidung der Aussagefähigkeit von Fallbeispiel-Analyse und Projektnehmerbefragung wurden bereits eingangs zu diesem Kapitel gegeben.

Kriterium 1: Initiative zur Antragstellung; Unterstützung des BMBF bei Antragstellung und Durchführung

Projektfamilie: Allgemeine Bewertungskonzepte

Die Projektidee kam zunächst auf Eigeninitiative hin zustande. Durch wissenschaftliche Diskussion mit Kollegen und Partnern fand eine Erweiterung zu einem größeren Projektverbund hin statt. Der Bezug zum Förderprogramm des BMBF erfolgte auf Information des Projektträgers GSF.

Projektfamilie: Methodenentwicklung aquatisch und terrestrisch (zwei Fallbeispiele)

Diskussionen mit der Scientific Community sowie mit dem BMBF waren Auslöser für die Beantragung des erstgenannten Vorhabens. Der BMBF regte unter Bezugnahme auf das Förderprogramm die Antragstellung an.

Im zweiten Fallbeispiel lag kein konkreter Bezug zum Förderprogramm vor; dieses war dem Antragsteller nicht bekannt. Die Ursache ist darin zu sehen, dass der Antrag in einer Zeit gestellt wurde, in der der Bezug zu einem Förderprogramm keine ausgesprochen wichtige Rolle spielte. Hier kam die Antragstellung auf eigene Initiative hin zustande.

Projektfamilie: Chemikalienbewertung/Industriechemikalien (zwei Fallbeispiele)

Das erste Projekt entstand ausschließlich auf Basis einer Eigeninitiative. Inwieweit das Förderprogramm bekannt war, konnte nicht mehr rekonstruiert werden.

Im zweiten Fallbeispiel kam die Idee im Zusammenhang mit einer Gutachtertätigkeit zustande. Hier wurde bei Antragstellung deutlich, dass der Aspekt der Bewertung die Aussagefähigkeit der zu erwartenden Ergebnisse des begutachteten Verbundes deutlich verbessern würden. Damit entstand die Projektidee auf Eigeninitiative hin; sie wurde nicht durch den BMBF vorgeschlagen. Durch diese Kontakte sowie weitere Projektbearbeitungen bestanden Kenntnisse der Förderpolitik des BMBF.

Projektfamilie: Chemikalienbewertung/Stoffgemische

Die Projektidee stammte ausschließlich aus eigener Initiative. Die eingereichte Skizze wurde durch den BMBF dem Förderprogramm zugewiesen. Generelle Kenntnisse des Förderprogramms lagen durch persönliche Kontakte mit anderen Forschungsnehmern vor.

Projektfamilie: Bodenschutz/Bodenqualität/Stoffbewertung
(zwei Fallbeispiele)

Im ersten Fallbeispiel entstand die Projektidee aus Eigeninitiative; sie war jedoch eine Fortschreibung vorangegangener Untersuchungen, die nicht durch den BMBF gefördert worden waren. Das Förderprogramm war im einzelnen nicht bekannt, so dass kein unmittelbarer Bezug vorlag. Kenntnisse einer grundsätzlichen BMBF-Förderung des angegebenen Themenbereiches lagen jedoch vor.

Im zweiten Fallbeispiel entstand die Projektidee ebenfalls aus Eigeninitiative sowie auf der Basis vorangegangener mehrjähriger Diskussionen in der Scientific Community. Konkrete Aktualität erhielt die Thematik im Kontext der Vorbereitung der Bodenschutzgesetzgebung. Dadurch war a priori eine Verknüpfung zum BMU/UBA gegeben, was sich u. a. auch durch die Zusammensetzung des Beraterkreises dokumentierte. Durch die Wahl eines Vertreters aus dem entsprechenden UBA-Fachgebiet konnte die anschließende Umsetzung sichergestellt werden.

Projektfamilie: Vorbeugender Bodenschutz/Altlasten (zwei Fallbeispiele)

Die Idee zum erstgenannten Projekt entstand zunächst aus Eigeninitiative; sie wurde durch Diskussion mit dem BMBF unter Berücksichtigung der Förderziele konkretisiert. Durch Kontakte zum BMBF war der Förderschwerpunkt bekannt.

Im zweiten Fallbeispiel entstand die Projektidee auf Basis von Diskussionen mit dem BMBF.

Zusammenfassung zu Kriterium 1

In den meisten Fällen entstand die Projektidee auf der Basis von Eigeninitiativen, gefördert durch aktuelle Diskussionen innerhalb der entsprechenden Scientific Community. Eine Ausnahme bilden die Vorhaben im Bereich des Bodenschutzes, wo die Vorbereitungen zur geplanten und inzwischen umgesetzten Bodenschutzgesetzgebung Auslöser für Antragstellungen waren. Dadurch konnte a priori eine Verknüpfung mit dem BMU/UBA als Zielgruppe und Nutzer der Ergebnisse hergestellt werden, was auch durch die Wahl entsprechender Gutachter dokumentiert wurde. Eine „automatische" Wirkung bei der Zielgruppe konnte jedoch damit nicht sichergestellt werden, da die Ergebnisse der Zielgruppe nicht in ausreichendem Maße zur Kenntnis gebracht wurden. Weitere Ausnahmen waren eine Initiative des BMBF sowie eine Idee, die im Rahmen einer Gutachtertätigkeit entstanden ist. Hier konnte einer der Gutachter durch fachliche Komplettierung des Konzeptes in den zu begutachtenden Verbund eingebunden werden. Diese Beispiele sind fallspezifisch und nicht durch die Thematik respektive die Projektfamilie zu erklären.

Ein Bezug zu den Förderprogrammen, die in vielen Fällen den Antragstellern bei der Einreichung von Skizzen nicht bekannt waren, wurde meistens erst bei der endgültigen Antragstellung hergestellt. Bei jüngeren Vorhaben ist jedoch ein Wandel hin zur konkreten Einbindung in die Förderprogramme bereits bei Einreichung der Skizzen zu beobachten. Zum Teil gibt es im Rahmen der Programme auch konkrete Ausschreibungen.

In allen Fällen wären die Vorhaben ohne BMBF-Förderung nicht im geplanten Umfang durchgeführt worden; in einigen Fällen wären möglicherweise eingeschränkte Projektteile durch Eigenfinanzierung oder mit Finanzierung durch andere Fördermittelgeber durchgeführt worden. In keinem der angegebenen Fallbeispiele wäre eine Förderung des identischen Projektes durch die EU erfolgt, was verschiedene Gründe hat:

(a)   Ein Verbund mit internationalen Partnern wäre erforderlich gewesen.

(b)   Die Thematik war zum Zeitpunkt der Antragstellung nicht von EU-Interesse.

Kriterium 2: Fachliche und technische Probleme bei der Durchführung

Projektfamilie: Allgemeine Bewertungskonzepte

Durch projektinterne administrative Probleme sowie finanzielle Einschränkungen konnten einige geplante Teilziele nicht in vollem Umfang erreicht werden, was zum Teil auf Fehlbudgetierungen bei der Antragstellung zurückzuführen ist. Die Einflussnahme seitens des BMBF wurde aufgrund einer Zwischenevaluierung als „groß" eingeschätzt und als positiv bewertet. Insgesamt wurde die Unterstützung als ausreichend empfunden; jedoch wurde vorgeschlagen, vor Bewilligung von Verbundprojekten Richtlinien für Autorenschaften vorzugeben. Dieser Vorschlag beruht jedoch auf einer spezifischen, projektbezogenen Situation, die möglicherweise nicht verallgemeinert werden kann.

Projektfamilie: Methodenentwicklung aquatisch und terrestrisch
                    (zwei Fallbeispiele)

Im ersten Fallbeispiel konnte das Projekt durch eine strenge Einhaltung der vorgegebene Zeitpläne ohne Verzögerungen und Veränderungen in Durchführung und Zielsetzung bearbeitet werden. Die Unterstützung durch BMBF und Projektträger wurde als sehr positiv und effektiv bewertet, insbesondere was die Unterstützung bei Antragstellung, die administrative Hilfe bei der Berichterstellung sowie die Hilfe bei der Verbreitung und Veröffentlichung der Ergebnisse betrifft.

Im zweiten Fall traten aufgrund von Mittelkürzungen technische Probleme auf, die zu einer nicht-optimalen Bearbeitung der Fragestellung – und damit zu einer verminderten Zielerreichung – führten. Hier wurde eine mangelnde Unterstützung durch den BMBF beklagt; durch Eigeninitiative konnte jedoch das im Rahmen der bewilligten Mittel bestmögliche Ergebnis erzielt werden. Auf Projektinhalte und die Durchführung nahmen BMBF und Projektträger keinen Einfluss. Dies war jedoch auch nicht notwendig oder gewünscht.

Projektfamilie: Chemikalienbewertung/Industriechemikalien (zwei Fallbeispiele)

Im zweiten Beispiel wurden die Projektziele nicht verändert, dasselbe gilt für die geplante fachliche und technische Durchführung und Bearbeitung. Die Unterstützung durch den BMBF wurde als ausreichend angesehen, wäre jedoch aus Sicht der Projektnehmer nicht unbedingt notwendig gewesen. Es wurde die Einschätzung getroffen, dass der BMBF grundsätzlich „nicht in der Lage ist", die Verwendung von Projektergebnissen weiter voranzutreiben.

Auch im dritten Fallbeispiel gab es keine fachlichen oder technischen Probleme bei der Durchführung des Projektes. Die Unterstützung seitens des BMBF bei der Antragstellung wurde positiv erwähnt, so wie auch die Gesamtunterstützung als ausreichend angesehen wurde.

Projektfamilie: Chemikalienbewertung/Stoffgemische

Im Fallbeispiel wurden Projektziele nicht grundlegend geändert; jedoch waren in kleineren Teilbereichen technische Änderungen notwendig, um die gesteckten Ziele zu erreichen. Wechsel im Mitarbeiterstab wirkten sich positiv aus, da durch den Wechsel zusätzliche Kooperationsmöglichkeiten entstanden. Die Betreuung durch den Projektträger wurde im technisch-administrativen Bereich als positiv herausgestellt. Eine bessere Unterstützung (finanziell) bei Veröffentlichung und Verbreitung der Ergebnisse wäre wünschenswert gewesen.

Projektfamilie: Bodenschutz/Bodenqualität/Stoffbewertung
(zwei Fallbeispiele)

Im erstgenannten Projekt traten lediglich geringfügige Änderungen gegenüber der zunächst geplanten Durchführungsstrategie auf, die auf erste (unerwartete) Ergebnisse zurückzuführen sind. Mit dieser Änderung war eine Vereinfachung der Durchführung, nicht aber eine reduzierte Zielerreichung verbunden. Die Unterstützung durch BMBF und Projektträger während der Bearbeitung wurde als ausreichend angesehen. Wünschenswert wäre eine Unterstützung bei der konkreten Implementierung der Ergebnisse in Routineprogrammen sowie eine Förderung weiterführender Untersuchungen gewesen.

Im zweiten Fallbeispiel traten keinerlei technische oder fachliche Probleme bei der Durchführung auf. Die Kooperation mit BMBF und Projektträger wurde als positiv gesehen. Im Anschluss an die Bearbeitung fanden weitergehende Entwicklungen und Förderungen statt, so dass die angeschnittenen Themen weiterhin in der Diskussion blieben.

Projektfamilie: Vorbeugender Bodenschutz/Altlasten (zwei Fallbeispiele)

Im ersten Fallbeispiel traten aufgrund des Ausscheidens von Mitarbeitern und des unterschiedlichen Projektbeginns und -endes der Teilprojekte Probleme auf. Ein weiteres Spezifikum war eine zeitliche Verzögerung durch Wechsel in der Projektträgerbetreuung. Insgesamt wird die laufende fachliche Beratung und Betreuung durch den Projektträger während der Bearbeitungsphase als sehr positiv und wichtig gesehen. Weiterhin wird als positiv bewertet, dass der Projektträger Einfluss nahm, jedoch die Konzeption und Durchführung nicht dominierte.

Im zweiten Fallbeispiel traten keine fachlichen oder technischen Probleme bei der Durchführung des Verbundprojektes auf. Die Betreuung durch den Projektträger wurde als positiv bewertet, da eine Beeinflussung in Richtung auf die pragmatische Umsetzung stattfand, was bei einem anwendungsorientierten Vorhaben zur Zielerreichung zwingend notwendig ist. Die Unterstützung des Gesamtprojekt-Koordinators (das Fallbeispiel war ein Unterverbund in einem sehr großen Gesamtverbund) bei Umsetzung der Ergebnisse verzögerte sich zeitlich; hier wäre eine schnellere Reaktion wünschenswert gewesen.

Zusammenfassung zu Kriterium 2: Probleme bei der Durchführung

In den meisten analysierten Fallbeispielen traten keine oder nur geringfügige technische, administrative oder fachliche Probleme bei der Durchführung auf, so dass in der Regel auch keine grundlegenden Änderungen in der Zielsetzung stattfanden. Traten Probleme auf, so waren diese sehr projektbezogen, so dass keine Verallgemeinerungen – zum Beispiel in Hinblick auf eine Projektfamilie – getroffen werden können. Die Art des Umgangs mit den Problemen war ebenfalls sehr projekt- oder sogar personenbezogen, was wiederum keine verallgemeinernden Schlussfolgerungen zulässt.

Die administrative und fachliche Unterstützung durch BMBF und Projektträger vor und während der Projektbearbeitung wurde durchweg als positiv beurteilt oder brauchte nicht in Anspruch genommen zu werden.

Die Beurteilung der Unterstützung durch BMBF und Projektträger beim Ergebnistransfer und bei der „Vermarktung" der Resultate war sehr kontrovers:

- In den meisten Fällen wurde eine umfassendere Unterstützung als notwendig angesehen, damit die Ergebnisse den Zielgruppen bekannt werden und somit die erhoffte Wirkung eintreten kann.
- In einigen wenigen Fällen wurde die Unterstützung als ausreichend angesehen.
- In einem Fall wurde festgestellt, dass der BMBF grundsätzlich „nicht in der Lage ist", die Verwendung von Projektergebnissen weiter voranzutreiben.
- In einigen Fällen wurde eine Unterstützung nicht für notwendig gehalten.

Kriterium 3: Maß der Zielerreichung

Projektfamilie: Allgemeine Bewertungskonzepte

Für dieses Fallbeispiel wurde ein hohes Maß an Zielerreichung angegeben, was auf die Themenstellung, die Idee und das Design des Projektes, Kompetenz und Engagement der Projektteilnehmer sowie auf das persönliche Engagement bei der Projektkoordination zurückgeführt wurde. Kleinere Diskrepanzen mit einem der Projektteilnehmer sind sehr projektspezifisch und sollten an dieser Stelle nicht bewertet werden.

Projektfamilie: Methodenentwicklung aquatisch und terrestrisch
(zwei Fallbeispiele)

Auch im ersten Fallbeispiel wurde ein hohes Maß an Zielerreichung festgestellt. Die praktische Umsetzung erreichter Ergebnisse erfolgte zum Teil in einem bewilligten Folgevorhaben. Die guten Erfolge wurden auf die großzügigen Rahmenbedingungen des BMBF, auf die Interdisziplinarität, die Kompetenz der Partner, aber auch auf die Aktualität des Themas allgemein („Umwelt und Gesundheit") zurückgeführt.

Im zweiten Fallbeispiel konnte das ursprünglich gesetzte Ziel aufgrund technischer Schwierigkeiten nicht erreicht werden; jedoch trug das Vorhaben trotz allem zur Teilproblemlösung bei. Dieser Teilerfolg ist auf das persönliche Engagement der Beteiligten zurückzuführen.

Projektfamilie: Chemikalienbewertung/Industriechemikalien (zwei Fallbeispiele)

Der wissenschaftliche Erfolg und innovative Charakter des erstgenannten Vorhabens wurde als sehr hoch eingeschätzt; das Projekt trug damit zur Problemlösung im Umweltbereich bei, wobei das geringe Maß an praktischer Umsetzung seitens der Projektnehmer bedauert wurde. Der Gesamterfolg wurde auf die Freiheiten bei der Durchführung, flexible Kooperationen innerhalb eigener Netzwerke je nach Bedarf einzugehen sowie auf die Aktualität des Themas und das Engagement der Beteiligten zurückgeführt. Als Nachteil wurde die Tatsache angesehen, dass zu wenig Zeit für die Publikation der Ergebnisse in der ursprünglichen Planung vorgesehen war, so dass hier nicht das optimal Mögliche erreicht werden konnte.

Auch das zweite Fallbeispiel zeichnet sich durch ein hohes Maß an Zielerreichung aus, wobei in diesem Fall die Arbeitshypothese widerlegt wurde. Diese Erfolge sind auf das Thema, die eigenen Fachkompetenzen sowie die der Partner und die allgemeinen Rahmenbedingungen zurückzuführen.

Projektfamilie: Chemikalienbewertung/Stoffgemische

Nach Einschätzung der Projektbearbeiter konnten die fachlichen Ziele vollständig erreicht und die im Projektantrag aufgeworfenen Fragen mit großer Eindeutigkeit beantwortet werden. Dadurch wurden zentrale wissenschaftliche Grundlagen für eine Berücksichtigung im regulativen Bereich gelegt. Außerdem konnten weiterführende internationale Kooperationsvorhaben realisiert werden. Die gute Zielerreichung wurde auf vorhandene Fachkompetenz, auf gute interdisziplinäre Zusammenarbeit sowie auf die Bereitstellung der benötigten finanziellen Mittel zurückgeführt.

Projektfamilie: Bodenschutz/Bodenqualität/Stoffbewertung
(zwei Fallbeispiele)

Im ersten Fallbeispiel konnte die in der Antragstellung formulierte Zielsetzung voll erreicht werden, was auf die Fachkompetenz der Beteiligten, aber auch auf das gestellte Thema sowie zusätzlich die Bereitschaft zur Innovation zurückgeführt wurde. Eine Umsetzung der Ergebnisse in die praktische Anwendung war nicht Gegenstand des Projektes, wurde jedoch als Anschluss an das Vorhaben als begrüßenswert dargestellt.

Auch im zweiten Fallbeispiel konnte die Zielsetzung zu 100 % erreicht werden; es wurde ein Beitrag zur Problemlösung im Umweltbereich geleistet. Auch hier trug wesentlich die Fachkompetenz zur Erreichung der Zielsetzung bei. Es gab keinerlei Behinderungen bei der Durchführung der Arbeiten.

Projektfamilie: Vorbeugender Bodenschutz/Altlasten (zwei Fallbeispiele)

Im ersten Fallbeispiel konnte das wissenschaftliche Ziel und damit auch die förderpolitischen Ziele des BMBF in hohem Maße (geschätzt: 80–90 %) erreicht werden. Es wurden eine Reihe von Zielsetzungen aus dem Förderprogramm erwähnt und aufgelistet, die im bestimmten Umfang erreicht wurden. Die gute Zielerreichung wurde auf die Attraktivität des Projektthemas, die Kompetenz der Verbundpartner, die konstruktiven Anregungen der Gutachter sowie insgesamt die guten Rahmenbedingungen zurückgeführt. Gewisse Einschränkungen bei der Zielerreichung waren fachlicher Art (Langzeitbeobachtungen konnten während der Projektlaufzeit nicht abgeschlossen werden).

Im zweiten Fallbeispiel wurde ein guter Erfüllungsgrad angegeben, wenn auch eine weitere Etablierung der entwickelten Tests in der Praxis (zum Beispiel Ringtests, Laborvergleichstests) notwendig ist. Die Identifizierung und Validierung der optimal geeigneten Tests erfolgte jedoch in einem späteren Stadium außerhalb der BMBF-Förderung. Erfolge wurden auch auf die gute Zusammenarbeit mit den verschiedenen Partnern zurückgeführt.

Zusammenfassung zu Kriterium 3: Maß der Zielerreichung

Der fachliche Erfüllungsgrad wird von den Projektnehmern in fast allen Fällen als hoch bis sehr hoch eingeschätzt. Bei geringerem Erfüllungsgrad spielen konkrete projektspezifische Situationen eine Rolle, die nicht verallgemeinerbar sind. In einem Fall wurde das Fehlen Folgefinanzierung bedauert. Aus Sicht der Projektnehmer ende die vom BMBF geförderten Vorhaben häufig zu früh, so dass die Praxisrelevanz nicht ausreichend erprobt werden kann. Es ist jedoch durchaus zu diskutieren ist, inwieweit Anwendungen anderweitig gefördert werden sollten.

Die hohen Erfüllungsgrade waren aus Sicht der Projektnehmer insbesondere zurückzuführen auf:

- Fachkompetenz und Engagement
- Interdisziplinarität
- Aktualität des Themas
- Freiheiten bei der Projektgestaltung und -durchführung.

Kriterium 4: Umsetzung, Resonanz und Transfer der Ergebnisse im In- und Ausland; Hilfestellung des BMBF

Projektfamilie: Allgemeine Bewertungskonzepte

Es fand ein ausgeprägter Informationstransfer in die internationale Scientific Community statt, wobei positive Resonanz bei Fachkollegen festgestellt wurde, bis hin zu Einladungen zur Teilnahme oder zum Vortrag bei wissenschaftlichen Kongressen. Bei Industrie und Behörden, die ebenfalls Zielgruppen des Vorhabens waren, ist die Resonanz eher als „zurückhaltend" zu bezeichnen. Erste Ansätze und Diskussionen einer Umsetzung erfolgen in einem Bundesland. Weitere Umsetzungsmöglichkeiten bei Industrie und Behörden werden gesehen.

Projektfamilie: Methodenentwicklung aquatisch und terrestrisch
(zwei Fallbeispiele)

Im ersten Fallbeispiel fand ein guter Ergebnistransfer zu Zielgruppen statt, der sich durch Fachberatung sowie durch Einführung der Ergebnisse in eine DIN-Norm (frühes Stadium) dokumentiert. Wirtschaftlicher Nutzen ist indirekt darin zu sehen, dass die entwickelten Methoden – zunächst allgemein gesprochen – zur Risikobewertung eingesetzt werden können; konkret bedeutet dies den Einsatz in Testprogrammen, im Monitoring und in der Überwachung, wodurch Monitoringprogramme effizient gestaltet sowie Sanierungsmaßnahmen priorisiert werden können. Die letztgenannten Aspekte wiederum haben Kosteneinsparungen zur Folge.

Der Ergebnistransfer wurde durch den Projektnehmer aktiv durchgeführt, was vom BMBF gewünscht war. Der Transfer kann an der Veranstaltung von Workshops, durch die Beratungen im In- und Ausland sowie – in gewissem Rahmen – auch durch die Durchführung von Folgeprojekten deutlich gemacht werden. Ein stärkerer Input in die Ergebnisverwendung durch den BMBF wird nicht als notwendig angesehen.

Im zweiten Fallbeispiel fand ein „Know-how-Transfer durch Köpfe" statt, dergestalt, dass der Projektbearbeiter in die photochemische Industrie ging, wo das entwickelte Verfahren heute eingesetzt wird. Des Weiteren fand die Einbeziehung des

Projektleiters in Fachberatungen statt, so dass auch hier eine Kenntnisverbreitung der Ergebnisse erfolgte. Eine begleitende Begutachtung durch Sachverständige erfolgte nicht, so dass die „Zufriedenheit" des BMBF nicht abgeschätzt werden konnte.

Projektfamilie: Chemikalienbewertung/Industriechemikalien (zwei Fallbeispiele)

Im ersten Fallbeispiel fand ein internationaler Ergebnistransfer in Regelwerke in den USA statt. Ein Aufgreifen der Resultate innerhalb der Scientific Community im Rahmen der Ableitung von Schwellenwerten für die Bundesbodenschutzverordnung erfolgt zur Zeit in Deutschland, so dass die Ergebnisse auch hier weiterhin genutzt werden.

Im zweiten Fallbeispiel fand durch Fachvorträge und Poster ein Wissenstransfer in die Scientific Community statt. Weitere Umsetzungen erfolgten nicht. Da der Projektnehmer jedoch – unabhängig vom konkreten Vorhaben – in einer Reihe von Gremien tätig ist (auch Politikberatung), findet ein „indirekter" Transfer auch der Ergebnisse dieses Vorhabens statt. Seitens des Projektnehmers wird eine Verbesserung des „Marketings" durch den BMBF angeregt.

Projektfamilie: Chemikalienbewertung/Stoffgemische

Vom BMBF und Projektträger erfolgte keine inhaltliche Resonanz auf den Projektabschluss und die erfolgreiche Veröffentlichung der Projektergebnisse. Die Resonanz innerhalb der Scientific Community wurde als sehr groß eingestuft. Anfragen zu Präsentationen etc. erfolgten ausschließlich auf internationaler Ebene, während von deutscher Seite das Interesse an den Forschungsergebnissen als gering einzustufen ist. Auf diese Weise fand ein Ergebnistransfer in internationale Forschungsaktivitäten statt; die erzielten Ergebnisse und Ansätze werden von anderen Arbeitsgruppen ebenfalls genutzt. Die Projektergebnisse ermöglichten die Fortsetzung der Forschungen auf europäischer Ebene (Einwerbung von Nachfolgeprojekten bei der EU). Es wird zur Zeit angestrebt, die im Rahmen des BMBF-Vorhabens sowie den EU-Folgevorhabens erzielten Ergebnisse in die Wasserrahmenrichtlinie einzubringen.

Von regulatorischer Seite sind die Ergebnisse als argumentative Stärkung bei der Begründung regelungspolitischer Maßnahmen unter Maßgabe des Vorsorgeprinzips gewertet worden.

Aus Sicht des Projektnehmers wird das Interesse von BMBF und Projektträger, die Ergebnisse des Projektes auszuwerten und als wissenschaftliche Grundlage regulatorischen Handelns zu verwenden, als gering eingestuft. Hier wird Verbesserungsbedarf gesehen.

*Projektfamilie: Bodenschutz/Bodenqualität/Stoffbewertung
(zwei Fallbeispiele)*

Im ersten Fallbeispiel fand ein Ergebnistransfer insbesondere in die Scientific Community statt. Da das Thema (Biomarker im Boden) ein sehr innovatives war, war der Erkenntnisfortschritt sehr hoch und wurde international entsprechend zur Kenntnis genommen. Des Weiteren wurden zwei EU-Projekte aufbauend auf dem national geförderten Vorhaben bewilligt. Eine Aufnahme und Umsetzung von Teilaspekten des Vorhabens durch Hochschulen und HGF ist ebenfalls erfolgt. Eine Umsetzung zur Vorbereitung von politischen Aktivitäten fand bisher nicht statt, wird aber angestrebt. Zum Beispiel wird versucht, über Landesämter die Implementierung der Anwendung von Biomarker-Techniken in Routineüberwachungsprogramme einzuführen. Aus Sicht des Projektnehmers wäre es wünschenswert, dass der BMBF die Verwendung der Ergebnisse stärker vorantreibt. Zielgruppe ist dabei neben der Wissenschaft insbesondere die Industrie (Beispiel: Qualitätssicherung von Futtermitteln und in der Tierhaltung).

Im zweiten Fallbeispiel fand ein Ergebnistransfer durch Gremientätigkeiten der Projektnehmer sowie durch Folgeprojekte in anderen Verbünden statt. Ergebnisse konnten dabei insbesondere in die ISO-Normung eingebracht werden. Generell ist darüber hinaus der Bodenschutz immer noch aktuelles Thema in der internationalen Diskussion; so wird zur Zeit an der Errichtung eines EU-Netzwerkes gearbeitet. Eine stärkere Vorantreibung der Ergebnisse durch den BMBF wird nicht als dessen Aufgabe gesehen. Die Umsetzung wurde durch Einbeziehung von Vertretern der Vollzugsbehörde in das Gutachtergremium vorbereitet und im Anschluss an das Vorhaben auch angemessen durchgeführt.

Projektfamilie: Vorbeugender Bodenschutz/Altlasten (zwei Fallbeispiele)

Die Resonanz bei BMBF und Projektträger war gut. Die entwickelten Tests konnten in Biotestverfahren und Teststrategien umgesetzt werden; darüber hinaus fließen die Ergebnisse in die aktuellen Diskussionen um Schwellenwerte respektive um Umweltschutzziele im Rahmen der Umsetzung der BBodSchV ein. Weitere Umsetzungen erfolgen durch die Beteiligung an der Entwicklung von Richtlinien für den Bodenschutz. Politikberatung erfolgt indirekt durch die Zusammenarbeit mit UBA und DECHEMA. Die Ergebnisse kommen aus Sicht des Projektnehmers den beabsichtigten Zielgruppen, d. h. den Behörden und der Industrie zugute. Trotz aller positiver Beurteilung des Ergebnistransfers, der hauptsächlich auf Initiative der Projektnehmer hin stattfindet, wird eine stärkere Initiative des BMBF zur Verwendung der Ergebnisse als notwendig angesehen.

Die Ergebnisse des Gesamtverbundes wurden als BMBF-Leitfaden veröffentlicht. Auf Grundlage dieser Ergebnisse sowie der weiterführenden DBU-Förderung erfolgte die Erstellung einer DECHEMA-Broschüre. Es wird angestrebt, dass diese Broschüre in das „Handbuch der Bodenuntersuchung" (Beuth-Verlag) aufgenommen wird. Des Weiteren fanden die Ergebnisse Eingang in DIN/ISO. Über die

Schiene DIN/ISO und DECHEMA wird auch versucht, Politikberatung durchzuführen. Den beabsichtigten Zielgruppen kommen die Ergebnisse dadurch zugute, dass sie am Projekt mitgearbeitet haben. Die Behörden waren durch Mitgliedschaft im Projektbeirat über das Vorhaben und dessen Ergebnis gut informiert.

Zusammenfassung zu Kriterium 4: Resonanz und Transfer der Ergebnisse

In allen Fällen erfolgte ein Transfer in die nationale oder internationale Scientific Community, was beispielsweise durch Fachvorträge, Poster, Publikationen erreicht wurde. Dabei ist häufig eine gewisse Tendenz zur Schwerpunktbildung – das heißt entweder international oder national, seltener beides gleichzeitig – zu beobachten, was jedoch mit der Themensetzung zusammenhängen dürfte: Fragen zum Bodenschutz werden verstärkt national, grundlagenorientierte oder gewässerorientierte Fragestellungen werden eher international diskutiert. In seltenen Fällen findet ein „Know-how-Transfer durch Köpfe" statt.

In den meisten Fällen fand ein Ergebnistransfer in Form von Politik- und Fachberatung statt. Themenkontinuität war meist durch Beantragung und Durchführung von Folgeprojekten im In- und Ausland auf Initiative der Projektnehmer gegeben. Seitens aller Projektnehmer wurde angeregt, die Marketingstrategie des BMBF zu verbessern und auch die Projektnehmer bei ihren Anstrengungen stärker zu unterstützen.

Ergebnistransfer zu den Zielgruppen, Ergebnisumsetzung, Politik- und Fachberatung und Erhalt von Themenkontinuität (zum Beispiel durch die Förderung von Folgevorhaben; EU oder bei anderen nationalen Förderern) findet statt, wird jedoch fast ausschließlich durch die Projektnehmer (in vielen Fällen aus Eigeninitiative oder gewissem Eigeninteresse bei Förderung von Folgevorhaben) durchgeführt. Schwerpunktbildungen und Ausmaß des Transfers und der Umsetzung sind stark themenabhängig und durch die politischen Rahmenbedingungen bedingt.

Als wesentliche und aktuelle Instrumentarien für den Ergebnistransfer hin zu den Zielgruppen wurden angegeben:

- Gremientätigkeiten der Projektnehmer
- Einbeziehung von Zielgruppen in die Projektbearbeitung
- Berufung von Zielgruppenrepräsentanten in Gutachtergremien und Projektbeiräte.

Kriterium 5: Vergleich des Forschungsstandes mit der internationalen Forschung

Projektfamilie: Allgemeine Bewertungskonzepte

Hier ist ein vergleichbarer Stand Deutschlands mit der internationalen Forschung gegeben.

*Projektfamilie: Methodenentwicklung aquatisch und terrestrisch
(zwei Fallbeispiele)*

Im Bereich des Themenschwerpunktes „Gentoxizitätstests, Oberflächengewässer" ist Deutschland führend. So ist der Projektnehmer beispielsweise Berater für ausländische Gruppen. Im Bereich Metallspeziesanalytik ist Deutschland neben Belgien und den USA führend.

Projektfamilie: Chemikalienbewertung/Industriechemikalien (zwei Fallbeispiele)

Deutschland verliert den Anschluss an den internationalen Stand der Forschung auf dem Gebiet der Dioxine und Furane, da keine hochwertige Forschung auf diesem Gebiet durchgeführt wird.

Projektfamilie: Chemikalienbewertung/Stoffgemische

Zwar wird auch in Deutschland in verschiedenen Fachdisziplinen am Thema „Kombinationswirkungsanalyse" geforscht, die Kommunikation der Ergebnisse ist aber – zumindest im Bereich der Ökotoxikologie – im internationalen Vergleich unterentwickelt. Anzahl und Qualität von Publikationen in wissenschaftlichen Fachzeitschriften zeigen generell einen deutlichen Nachholbedarf deutscher Forschung im Bereich der Kombinationswirkungsanalyse.

*Projektfamilie: Bodenschutz/Bodenqualität/Stoffbewertung
(zwei Fallbeispiele)*

Die Qualität der Forschung im Bereich Bodenökotoxikologie ist durchaus vergleichbar mit den Topstaaten der Ökotoxikologie (USA, Skandinavien, Großbritannien und den Niederlanden). Vor allem die Anwendung der Forschungsergebnisse und deren Umsetzung erfolgt in den genannten Staaten weniger kompliziert als in Deutschland.

Die Bodenschutzgesetzgebung ist in der Konkretisierung ihrer Ausführungsbestimmungen weiter als in den meisten der anderen EU-Mitgliedsstaaten; vermutlich auch geringfügig weiter als in den Niederlanden und in Dänemark. Zur Zeit gibt es jedoch Aktivitäten in Kanada, die den deutschen in etwa gleich kommen.

Projektfamilie: Vorbeugender Bodenschutz/Altlasten (zwei Fallbeispiele)

Im Vergleich zu den Niederlanden ist der Stand der Forschung im Schwerpunkt Boden/Altlasten in einigen Bereichen weniger weit entwickelt; in anderen Bereichen dagegen gleichwertig. Im Vergleich zu den anderen EU-Mitgliedsstaaten haben die Niederlande, Deutschland und eventuell auch Dänemark eine führende Position inne.

Zusammenfassung zu Kriterium 5: Vergleich des Forschungsstandes mit der internationalen Forschung

Der Stand der deutschen Forschung im Vergleich zur internationalen Forschung ist stark von der fachlich-inhaltlichen Seite des Projekts, nicht jedoch von der Forschungsförderung durch den BMBF abhängig. So ist Deutschland in einigen Fällen führend, in anderen auf vergleichbarem Niveau, in wieder anderen Fällen „hinkt" die nationale Forschung der internationalen hinterher.

Die Einschätzung des Forschungsstands hängt in sehr starkem Maße von dem konkreten Projektthema ab; es ist keine eindeutige Aggregation auf der Ebene der Projektfamilie möglich. Dies hat jedoch vermutlich wenig direkt mit der BMBF-Förderpolitik oder der Existenz des Förderschwerpunktes „Ökotoxikologie" zu tun.

Es zeigt sich, dass Deutschland im Bereich der Bodenforschung neben den Niederlanden, Dänemark und Kanada führend ist, was auf die Bodenschutzgesetzgebung und die sich daraus ergebenden Aktivitäten zurückzuführen ist.

Kriterium 6: Beurteilung des BMBF in der Förderlandschaft

Hier werden aufgrund der Vertraulichkeit nur anonymisierte Meinungen wiedergegeben:

„Das BMBF sollte frühzeitig neue Entwicklungen aufnehmen, um so eine noch größere Flexibilität zu erhalten. Im Rahmen der Risikoforschung wird das BMBF als zu vorsichtig eingeschätzt. Der permanente Einsatz von Beratergremien (nicht nur bei Erstellung von Forschungsprogrammen) könnte hier eventuell Abhilfe schaffen."

„Die Förderprogramme sind stark von den jeweiligen Referenten und Beraterstäben abhängig; es kann keine nur positive oder nur negative Beantwortung gegeben werden."

„Es wird immer wieder beobachtet, dass – auch unabhängig vom Förderprogramm – einzelne Gutachter in den Gutachtersitzungen einen starken Einfluss aufgrund persönlicher Interessen nehmen."

„Ökotoxikologische Forschung zeichnet sich durch die Notwendigkeit interdisziplinärer Kooperation und Forschungsansätze aus und steht bei vielen Fragestellungen im Schnittfeld zwischen Grundlagenforschung, Technologieentwicklung und Regelungsvollzug. Die Forschungsziele stehen deshalb oft quer zu den förderungspolitischen Zielen spezifisch orientierter Förderungsinstitutionen (z. B: DFG, UBA, DBU). Des Weiteren unterschreiten die von diesen Institutionen bereitgestellten Mittel in der Regel die für die Durchführung interdisziplinärer Projekte notwendige ‚kritische Masse'. Die Förderungspolitik der EU andererseits führt oft zu der zuweilen zwanghaften Suche nach geeigneten Partnern, obwohl die notwendigen Kompetenzen zuweilen effizienter und reibungsloser bereits auf nationaler Ebene zusammengebracht werden könnten."

„In diesem Umfeld hat der Forschungsschwerpunkt „Ökotoxikologie" eine wichtige Rolle bei der Stärkung des Forschungsgebietes auf einer intermediären Ebene zwischen kleinen, spezifischen Mittelgebern und der EU-Ebene gespielt. Eine Fortschreibung in der Zukunft wäre daher außerordentlich wünschenswert. Begrüßenswert wären auch Möglichkeiten der Kofinanzierung interdisziplinärer ökotoxikologischer Querschnittsprojekte durch das BMBF im Verbund mit anderen nationalen oder internationalen Mittelgebern."

„Tendenzen, ökotoxikologische Forschung allein an Großforschungszentren zu konzentrieren, sind aus Sicht einer universitären Forschungsgruppe als kontraproduktiv zu werten."

„Vor allem das 1997er Programm fasste sehr gut den aktuellen Bedarf auf diesem Gebiet zusammen und war international auf hohem Standard. Soweit mir allerdings bekannt ist, resultierte danach kein neues Programm und die aktuellen Möglichkeiten der Beantragung ökotoxikologischer Projekte beim BMBF blieben mir seit Anfang 2000 im Dunkeln. Falls es ein neues Programm hierzu gibt, war die Informationsverbreitung nicht optimal."

„Grundsätzlich positiv, aber die *universitäre* Forschung müsste durch Fördermittel verstärkt werden, da

(a)   Forschung und Nachwuchsentwicklung eine Einheit bildet und vor allem von Universitäten geleistet wird. Auf diesem Feld ist eine praktische Tätigkeit von Studierenden und Nachwuchswissenschaftlern nur durch Fördermittel ausreichend zu leisten, da die Kombination von Feld- und Laborarbeit besonders geld- und zeitintensiv ist.

(b)   nur *industrieunabhängige* Forschung die Voraussetzung für einen ungetrübten Blick auf den Zustand der Umwelt garantiert und neue, unkonventionelle Lösungsmöglichkeiten erprobt."

„Die anwendungsorientierten Fragestellungen sind extrem nützlich, beispielsweise in der Vorbereitung von Umsetzungen umweltpolitischer Ziele. Wenig konkreter Nutzen wird jedoch beispielsweise in den Ökosystemforschungszentren gesehen."

„Ich war damals sehr glücklich, dass das BMBF bereit war, ein wichtiges aktuelles umweltpolitisches Thema mit einer großen Grundlagenkomponente aufzugreifen und zu fördern. Diese Agilität vermisse ich heute."

„Mittlerweile zu stark anwendungsorientiert. Gesunde Mischung aus Grundlagen- und angewandter Forschung wäre sinnvoller, da oft Grundkenntnisse fehlen."

Zusammenfassung zu Kriterium 6: Beurteilung des BMBF in der Förderlandschaft

Hier wird unterschieden zwischen der Positionierung und der Beurteilung des BMBF in der Förderlandschaft. Zur Positionierung sind zusammenfassend folgende Argumente festzuhalten:

* wichtige Rolle bei der Forschungsförderung auf einer Ebene zwischen kleinen, spezifischen Mittelgebern und der EU

* BMBF wichtig an der Schnittstelle zwischen Grundlagenforschung, Technologieentwicklung und Regelungsvollzug

* Kofinanzierung interdisziplinärer Querschnittsprojekte im Verbund mit anderen (inter)nationalen Mittelgebern weiterhin wichtig

* Notwendigkeit auch zukünftiger Förderung interdisziplinärer Projekte

* Die Konzentrierung ökotoxikologischer Forschung in HGF ist kontraproduktiv, da zu wenig flexibel.

Zur Beurteilung der BMBF-Förderung wurde vorgebracht:

* zu wenig grundlagenorientiert
* Verstärkung universitärer Forschungsförderung erforderlich
* Anwendungsorientierung notwendig
* permanente Beratergremien hilfreich
* Vermeidung persönlicher Interessennahme seitens der Gutachter
* höhere Flexibilität notwendig
* mangelnde Agilität.

Diese Befragung wurde nicht im Sinne eines Vergleiches zwischen BMBF-Förderung und anderen Fördereinrichtungen durchgeführt. Eine der Antworten gibt dennoch einen Vergleich zu UBA und DBU sowie EU an.

Insgesamt betrachtet sind die Antworten als pro-aktive positive Empfehlungen zur Verbesserung und teilweise als neutrale Feststellungen von Fakten zu werten, die nicht veränderbar sind (zum Beispiel personenabhängige Entscheidungen).

5.3.3   Zusammenfassung: Fallbeispielanalysen

Aus der Gesamtheit aller Projekte, die in der Datenbank erfasst sind, wurden zehn Fallbeispiele ausgewählt. Es war Zweck der Fallstudien, zur Identifizierung von

Zielgruppen und zu einer qualitativen Einschätzung des Projekterfolgs, der Nutzung der Projektergebnisse durch diese Zielgruppen, des Informationstransfers in die Scientific Community, der Bildung von Kooperationen und Netzwerken sowie der Nutzung des Wissens in der Fach- und Politikberatung zu gelangen. Gegenüber der breiten Projektnehmerbefragung können in den Fallstudien auch Hintergründe, Erklärungen sowie interpretierende Zusammenfassungen und Auswertungen der Statements dargestellt werden.

Aus der Analyse typischer Fallbeispiele lassen sich knapp zusammengefasst folgende wesentliche Ergebnisse festhalten:

In den überwiegenden Fällen erfolgte die **Antragstellung** auf Eigeninitiative und nach Diskussionen innerhalb der Scientific Community. Eine Ausnahme bilden die Vorhaben im Bereich des Bodenschutzes, wo die Vorbereitungen zur Umsetzung der Bodenschutzgesetzgebung Auslöser für Antragstellungen waren. Die Herstellung von Bezügen zu Förderprogrammen erfolgte bei den älteren Vorhaben meistens bei der endgültigen Antragstellung. Bei jüngeren Vorhaben ist jedoch ein Wandel hin zu konkreten Einbindungen in die Förderprogramme bereits bei Einreichung der Skizzen zu beobachten.

Der **fachliche Erfüllungsgrad** wird von den Projektnehmern in fast allen Fällen als hoch bis sehr hoch eingeschätzt. Bei geringerem Erfüllungsgrad spielen konkrete, nicht verallgemeinerbare Situationen eine Rolle. Hohe Erfüllungsgrade wurden auf Fachkompetenz und Engagement, Interdisziplinarität, Aktualität des Themas und auch auf Freiheiten bei der Projektgestaltung zurückgeführt.

In allen Fällen erfolgte ein **Ergebnistransfer** in die nationale oder internationale Scientific Community, was beispielsweise durch Fachvorträge, Poster, Publikationen erreicht wurde. Die Veröffentlichung von Forschungsergebnissen in internationalen, referierten Zeitschriften mit hohem Impact-Faktor wurde seitens der Projektnehmer nicht als ausschließlicher Erfolgsindikator gesehen; vielmehr steht die Diskussion innerhalb der Scientific Community durch Veröffentlichung in „grauer" Literatur, durch Poster und Fachvorträge an gleicher Stelle. In den meisten Fällen fand ein Ergebnistransfer durch Politik- und Fachberatung statt. Die Themenkontinuität war durch Beantragung und Durchführung von Folgeprojekten im In- und Ausland auf Initiative der Projektnehmer hin gegeben. Seitens aller Projektnehmer wurde angeregt, die Marketingstrategie des BMBF zu verbessern. Als wesentliche Instrumentarien für den Ergebnistransfer hin zu den Zielgruppen wurden angegeben:

- Gremientätigkeiten der Projektnehmer
- Einbeziehung von Zielgruppen in die Projektbearbeitung
- Berufung von Zielgruppenrepräsentanten in Gutachtergremien und Projektbeiräte.

Aus Sicht der Forschungsnehmer ist der Stand der deutschen Forschung im **Vergleich zur internationalen Forschung** stark von der fachlich-inhaltlichen Seite des Projekts, nicht jedoch von der Förderstruktur abhängig. So ist Deutschland in einigen Fällen führend (zum Beispiel: Bodenchemie und -ökotoxikologie), in anderen auf vergleichbarem Niveau (Beispiel: aquatische Ökotoxikologie), in wieder anderen Fällen „hinkt" die nationale Forschung der internationalen hinterher (Beispiel: Metallspeziierung und Wirkung der Spezies).

Zur **Positionierung des BMBF in der Förderlandschaft** können die Meinungen der Projektnehmer dahingehend zusammengefasst werden, dass der BMBF

* eine wichtige Rolle bei der Forschungsförderung auf einer Ebene zwischen kleinen, spezifischen Mittelgebern und der EU spielt,

* eine wesentliche Position an der Schnittstelle zwischen Grundlagenforschung, Technologieentwicklung und Regelungsvollzug innehat,

* weiterhin interdisziplinäre Querschnittsprojekte durch (Ko-)finanzierung im Verbund mit anderen (inter)nationalen Mittelgebern fördern sollte und

* grundsätzlich eine wichtige Rolle durch Kombination von Grundlagenforschung und angewandter Forschung spielt, da eine Konzentrierung ökotoxikologischer Forschung in der HGF als kontraproduktiv, da zu wenig flexibel, angesehen wird.

5.4   Schriftliche Befragung der Projektnehmer

Zwischen Oktober 2001 und Januar 2002 wurde eine schriftliche Befragung aller Projektnehmer im Förderschwerpunkt „Ökotoxikologie" durchgeführt. Zweck dieser Befragung war, die Ergebnisse der Fallstudien auf eine breite Basis zu stellen und quantitative Aussagen über die subjektive Einschätzung des Projekterfolgs und vor allem über objektive Folgeaktivitäten, Wirkungen, Erfolgsfaktoren und Umsetzungsprobleme zu ermöglichen.

Befragungsschwerpunkte waren unter anderem:

* Initiative zum Projekt
* Schwierigkeiten bei der Projektdurchführung
* Ziele für die spätere Umsetzung
* Einfluss und Unterstützung seitens des BMBF und des Projektträgers
* Erfolgseinschätzung, -kriterien, -faktoren und -hemmnisse
* Aktivitäten nach Projektabschluss
* Resonanz auf die Ergebnisse
* Hemmnisse für die Umsetzung
* Wirkung auf die eigene Arbeit.

Einbezogen wurden alle Projekte, die seit 1990 abgeschlossen worden waren. Zunächst wurde telefonisch ermittelt, ob die Projektleiter oder -bearbeiter noch erreichbar sind, um die geeigneten Personen für die Beantwortung des Fragebogens zu finden. Dadurch konnten alle fast Projektnehmer angesprochen werden. Von den versandten 104 Fragebögen war – nach teilweise intensivem telefonischen Nachhaken – bis Mitte Januar 2002 ein Rücklauf von 91 Antworten zu verzeichnen, was mit 88 % als außerordentlich hohe Rücklaufquote gelten kann. Methodisch handelt es sich um eine Vollerhebung. Alle Ergebnisse sind Fakten; statistische Rückschlüsse auf eine Grundgesamtheit sind hier nicht erforderlich.

Die Angaben aus der Befragung wurden mit Daten aus der Datenbank in Zusammenhang gebracht, z. B. mit Unterteilung der Projekte nach Verbundprojekt/Einzelprojekt, der Zugehörigkeit zu Projektfamilien, der Einordnung nach Forschungstypen (Grundlagenforschung, angewandte Forschung, Gesetzesvorbereitung, Umsetzungsforschung) und nach den betroffenen Zielgruppen.

Es ist zu berücksichtigen, dass die Grundgesamtheit aus allen Projekten besteht, die eigene Förderkennzeichen haben. Verbundprojekte sind also mehrfach vertreten, und zwar mit der Einschätzung der jeweiligen Projektleiter der Teilprojekte. Eine Gewichtung wurde nicht vorgenommen.

5.4.1   Projektinitiative und -durchführung

Die Ideen zu den Projekten kam vor allem aufgrund eigener Initiative zustande sowie durch Anregungen von „sonstiger Seite", z. B. von Partnern oder durch die „Scientific Community" (Abbildung 11). Vorhaben, die auf Gesetzesvorbereitung oder -vollzug gerichtet waren, entstanden überdurchschnittlich häufig in Diskussion mit dem BMBF.

Der Einfluss des BMBF oder des Projektträgers auf die Zielsetzung war relativ gering: 44 % gaben an, dass sie sich die Ziele in dem jeweiligen Projekt ausschließlich selbst gesetzt haben, 46 % sahen „etwas Einfluss" und nur 9 % „starken Einfluss" durch BMBF oder Projektträger; bei einem Prozent wurden die Ziele ausschließlich durch das BMBF gesetzt (Abbildung 12).

Es gab wenig echte „Mitnehmer" beim Förderschwerpunkt „Ökotoxikologie": Ohne Förderung wären die meisten Themen nicht bearbeitet worden (Abbildung 13). Der Initialeffekt war somit groß.

Knapp die Hälfte der Befragten (47 %) meinte, dass das Projekt grundsätzlich auch von der EU hätte gefördert werden können; 53 % denken, dass dies nicht möglich gewesen wäre, vor allem weil die ausländischen Partner fehlen würden.

Abbildung 11: Projektidee

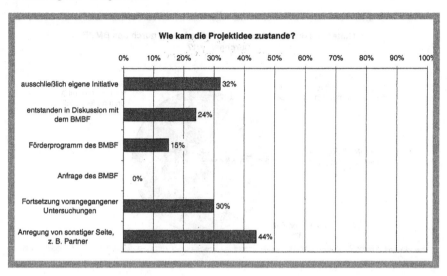

Abbildung 12: Genese der Zielsetzung für das Projekt

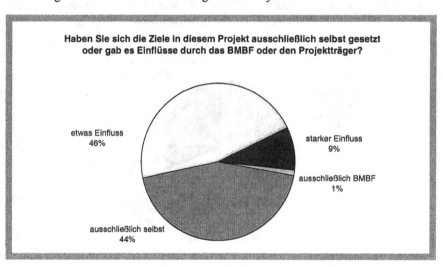

Die meisten Projektnehmer ordnen ihr Projekt in die angewandte Forschung ein (71 %), zum Teil mit Elementen der Grundlagenforschung. Reine Grundlagenforschung wurde viel häufiger (23 %) angegeben als Umsetzungsforschung (6 %). Aufgrund der Datenbank konnte diese Einteilung etwas differenzierter vorgenommen werden. Danach ist der häufigste Typ (35 %) Grundlagenforschung in Kombination mit Gesetzesvorbereitung (Abbildung 14). Für weitere Auswertungen wurden hier die Ergebnisse der Datenbank benutzt.

Abbildung 13: Initialförderung

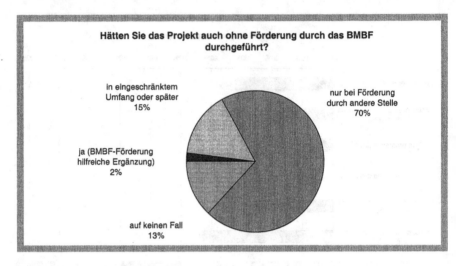

Hätten Sie das Projekt auch ohne Förderung durch das BMBF durchgeführt?

in eingeschränktem
Umfang oder später
15%

nur bei Förderung
durch andere Stelle
70%

ja (BMBF-Förderung
hilfreiche Ergänzung)
2%

auf keinen Fall
13%

Abbildung 14: Einordnung der Projekte nach Forschungstyp

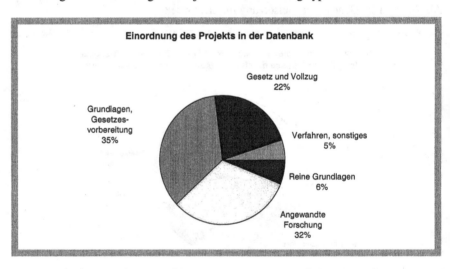

Einordnung des Projekts in der Datenbank

Gesetz und Vollzug
22%

Grundlagen,
Gesetzes-
vorbereitung
35%

Verfahren, sonstiges
5%

Reine Grundlagen
6%

Angewandte
Forschung
32%

Die Verteilung der Projekte auf die verschiedenen Projektfamilien wird in Tabelle 2 dargestellt.

Auf die Frage, welche Fachrichtungen an der Bearbeitung des Projekts beteiligt waren, wurden weit überwiegend nur „Naturwissenschaftler" angegeben (72 %), die in sich aber auch schon eine interdisziplinäre Zusammenarbeiten bedeuten können, z. B. Chemiker, Biologen etc. Gelegentlich waren noch Ingenieure oder Techniker vertreten (22 %), im Einzelfall auch Ökonomen (6 %), in keinem Fall Sozialwissenschaftler. Überdurchschnittlich häufig waren Ökonomen in der Projektfamilie „Chemikalien" vertreten.

Tabelle 2: Verteilung der Projekte auf die Projektfamilien

Mechanismen, Wirkungsmechanismen	9 %	Grundlagen 40 %
Bewertungskonzepte	25 %	
Maßnahmen	6 %	
Methoden/aquatisch	22 %	Methoden 25 %
Methoden/terrestrisch	3 %	
Chemikalienbewertung/Industriechemikalien	4 %	Chemikalien 15 %
Chemikalienbewertung/Pestizide	8 %	
Chemikalienbewertung/Stoffgemisch	3 %	
Bodenschutz/Bodenqualität	1 %	Bodenschutz 20 %
Bodenschutz/Stoffbewertung	2 %	
Bodenschutz/Altlasten	17 %	

Die Zielsetzungen hinsichtlich einer späteren Umsetzung der Projektergebnisse waren durchaus ambitioniert (Abbildung 15).

Abbildung 15: Ziele im Hinblick auf die Umsetzung

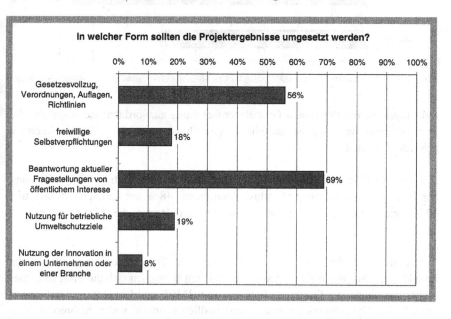

Fast alle Projekte wollten der Vorbereitung oder Implementation von Richtlinien oder Verordnungen zuarbeiten oder aktuelle Fragen von öffentlichem Interesse bearbeiten, wesentlich weniger Projekte zielten auf freiwillige Maßnahmen in der Industrie. Dieses Ergebnis wird durch die Antworten auf die Frage nach den Zielgruppen des Projekts teilweise unterstrichen (Abbildung 16): Die Industrie wird deutlich seltener als Zielgruppe genannt als Behörden, aber nur geringfügig seltener als die Gesellschaft. Mit 78 % ist die Scientific Community ebenfalls eine wichtige Zielgruppe. Ein Viertel der Befragten nannte alle Zielgruppen, 22 % alle ohne Industrie und 19 % nur Wissenschaft oder Behörden oder beide.

Abbildung 16: Zielgruppen der Projekte

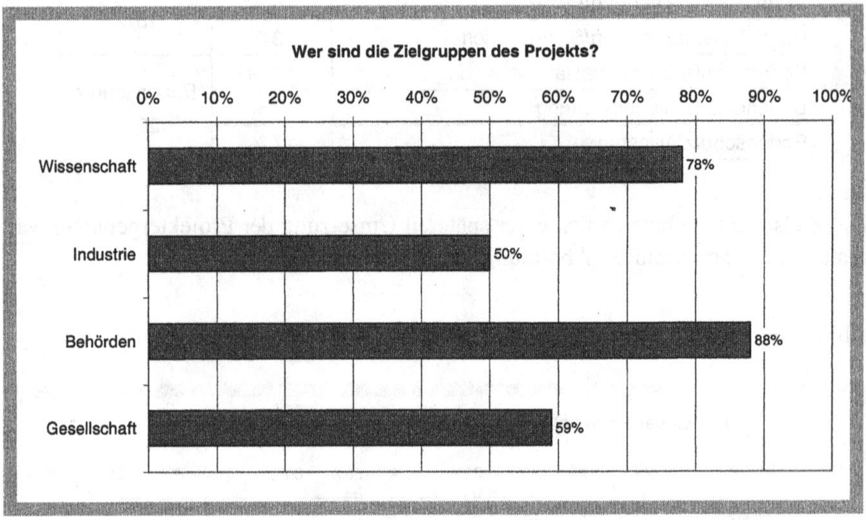

Bei Projekten, die der reinen Grundlagenforschung zuzuordnen waren, gaben alle Projektnehmer an, dass sie aktuelle Fragestellungen von öffentlichem Interesse behandeln wollten.

Auf die Durchführung des Projekts haben BMBF und Projektträger nach Meinung der Befragten relativ wenig Einfluss genommen: 48 % antworteten „etwas" und 47 % „gar nicht" auf diese Frage, nur 4 % empfanden die Einflussnahme als „stark".

Insbesondere im Hinblick auf die Anwendung der Ergebnisse, aber auch auf die Projektarbeit wurde die Frage gestellt, in welchen Bereichen sich die Projektnehmer – über die finanzielle Förderung hinaus – von BMBF und Projektträger unterstützt fühlten. Die Unterstützung wurde unterschiedlich beurteilt, wobei mehrere Aktivitäten bzw. Arbeitsschritte abgefragt wurden (Tabelle 3). Bei der Antragstellung wurden die Projektnehmer am meisten unterstützt. Der geringste Unterstützungsbedarf besteht bei Hinweisen auf geeignete Partner, der fachlichen Beratung und der Berichterstellung. Das größte Defizit („zu wenig Unterstützung") wird bei der Umsetzung gesehen.

Tabelle 3: Unterstützung der Projektnehmer bei der Projektbearbeitung

Angaben in Prozent	Stark	Etwas	Wenig	Zu wenig	Nicht nötig
Antragstellung	10	28	24	2	36
Berichterstellung	2	10	31	–	57
Fachliche Beratung	–	12	27	2	59
Hinweis auf geeignete Partner	9	8	21	2	60
Veröffentlichung	2	17	19	14	48
Anwendung der Ergebnisse, Umsetzung	1	13	27	28	31

Abbildung 17 zeigt den Durchschnitt der Antworten über alle abgefragten Bereiche. Im Bereich „Bodenschutz" wurde der größte Bedarf an Unterstützung genannt, allerdings nicht bei der Umsetzung; am geringsten war der Bedarf in der Projektfamilie „Chemikalien".

Abbildung 17: Unterstützung durch BMBF und Projektträger im Durchschnitt verschiedener Aktivitäten

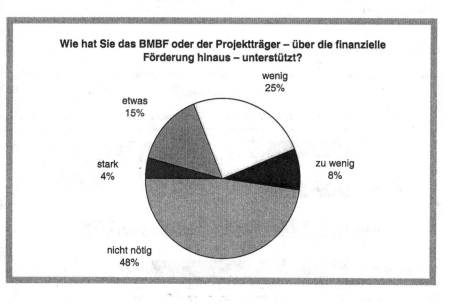

Schwierigkeiten bei der Projektdurchführung gab es nur in geringem Umfang: 39 % hatten „keine" Schwierigkeiten, 53 % hatten „geringe" und 8 % „große" Schwierigkeiten. Wenn es Probleme gab, so waren dies vor allem (in Prozent derjenigen, die große oder geringe Schwierigkeiten angegeben hatten):

technische Probleme	49 %
Zeitverzögerungen	43 %
Schwierigkeiten mit Partnern	26 %
Weggang von Projektmitarbeitern	15 %
Fördermittel reichten nicht	15 %

Drei weitere vorgegebene Antwortmöglichkeiten „Kritik oder Einwände seitens BMBF oder Projektträger" und „Erkenntnisse anderer Forscher" wurden von jeweils 2 % und „Änderungen in der Umweltpolitik" von 6 % der Befragten genannt.

5.4.2 Zusammenarbeit mit Partnern

92 % der Befragten gaben an, mit Partnern zusammengearbeitet zu haben, davon hatten 28 % neun oder mehr Partner. Dieses Ergebnis kommt auch dadurch zustande, dass von einem großen Verbundvorhaben fast alle Projektnehmer geantwortet haben. Nach der Datenbank waren 80 % der Projekte Verbundprojekte. Meistens kamen die Partner aus Hochschulen oder Forschungsinstituten, aber zu einem bemerkenswerten Anteil waren es auch Anwender oder Unternehmen (Abbildung 18).

Abbildung 18: Forschungspartner

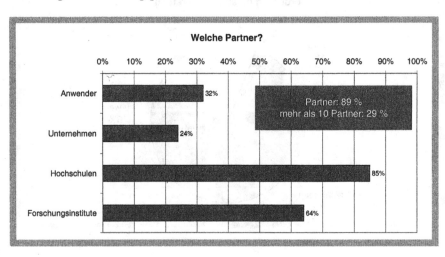

52 % der Befragten hatten ausschließlich Partner aus der Forschung, 41 % hatten auch oder ausschließlich Partner aus der Wirtschaft. In einigen Fällen wurden auch Partner genannt, die nicht direkt im Verbund beteiligt waren, sondern z. B. Ackerflächen für Versuche zur Verfügung stellten.

Die Zusammenarbeit mit Partnern brachte weit mehr Vorteile als Nachteile (Abbildung 19). Bei den Vorteilen wurden vor allem „zusätzliches Know-how" und „Arbeitsteilung" genannt, bei den Nachteilen „aufwendige Koordination"; 52 % sahen aber überhaupt keine Nachteile.

Abbildung 19: Vor- und Nachteile der Zusammenarbeit mit Partnern

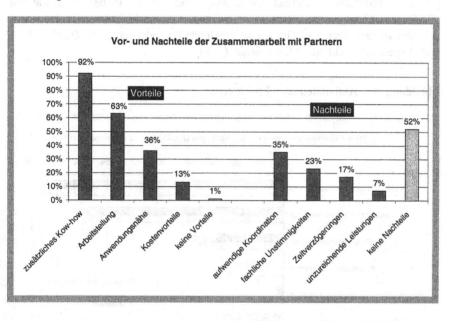

5.4.3 Aktivitäten zur Umsetzung der Ergebnisse

Die meisten Aktivitäten, die bei oder nach Abschluss des Projektes vorgesehen waren oder erwartet wurden, sind tatsächlich realisiert worden (Abbildung 20), am häufigsten wissenschaftliche Veröffentlichungen. Eine Diskrepanz zeigt sich lediglich in Bezug auf Fortsetzungsprojekte; 21 % der Befragten wünschten sie sich, konnten sie aber noch nicht realisieren.

Wertet man die Entwicklung im Zeitverlauf aus, so zeigt sich, dass immer mehr internationale Veröffentlichungen und Internet-Auftritte angegeben wurden, je kürzer der Projektabschluss zurücklag. Die Presseveröffentlichungen haben dagegen deutlich abgenommen. Projekte mit internationalen Veröffentlichungen weisen auch mehr Internet-Präsentationen auf. Ansonsten zeigt sich kein Zusammenhang zwischen den verschiedenen Aktivitäten.

Hinsichtlich der verschiedenen Projektfamilien zeigen sich nur bei internationalen Veröffentlichungen deutliche Unterschiede: Projektergebnisse im Bereich „Chemikalien" wurden weniger häufig veröffentlicht (54 %), aber dies war auch unterdurchschnittlich häufig vorgesehen (62 %).

Patente oder Lizenzen wurden bisher nicht realisiert. Der einzige Fall, der in Abbildung 20 verzeichnet ist, stammt aus der Projektfamilie „Methoden", und das Verfahren läuft hier zur Zeit noch. Von den drei ursprünglich vorgesehenen Aktivitäten sind zwei ebenfalls im Bereich „Methoden" und eine ist in der Projektfamilie „Bodenschutz" angesiedelt. Nur 18 % meinten, dass nach Projektende zu wenig gelaufen sei und führten als Gründe an: „fehlende Zeit oder fehlende Mittel" (13 %) und „Ergebnisse nicht zufriedenstellend" (3 %).

Abbildung 20: Aktivitäten nach Projektende

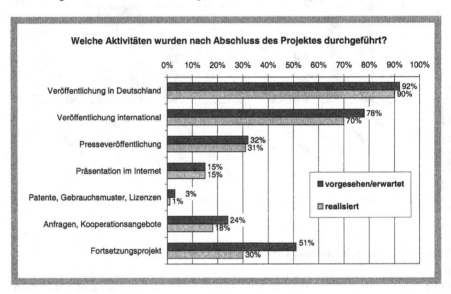

5.4.4 Subjektive Zielerreichung und Erfolg

47 % der Befragten meinten, dass ihr Projekt „in vollem Umfang erfolgreich" gewesen sei, 51 % bezeichneten es als „überwiegend erfolgreich" und 2 % als „nicht zufriedenstellend". Den Erfolg machen die meisten am „Erkenntnisfortschritt oder wissenschaftlichen Erfolg" (90 %) und am „Beitrag zur Problemlösung im

Umweltbereich" (78 %) fest, weniger an der „praktischen Umsetzung" (26 %), wie Abbildung 21 zeigt.

Abbildung 21: Subjektive Indikatoren für Projekterfolg

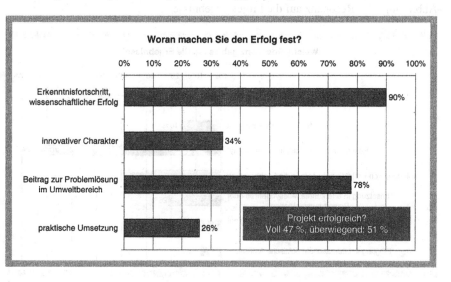

Am häufigsten stuften die Bearbeiter ihr Projekt in der Projektfamilie „Chemikalien" als erfolgreich ein. Merkliche Unterschiede zwischen den Projektfamilien gab es hinsichtlich der Erfolgskriterien beim „innovativen Charakter", der bei Projekten in den Bereichen „Grundlagen" und „Methoden" überdurchschnittlich häufig genannt wurde, sowie bei der „praktischen Umsetzung", die in den Bereichen „Chemikalien" und „Bodenschutz" als Zeichen des Erfolgs gesehen wurde.

Der Erfolg wird in der erster Linie auf die eigene Kompetenz (77 %), auch auf das Projektthema (67 %) und die Zusammenarbeit mit den Partnern (60 %), aber weniger auf Rahmenbedingungen (38 %) zurückgeführt. In der Projektfamilie „Bodenschutz" wurde überdurchschnittlich häufig die eigene Kompetenz, hingegen bei „Methoden" und „Chemikalien" die Partner als Erfolgsfaktor genannt.

In Bezug auf die Auswirkungen des Projekts wurde zunächst die wahrgenommene Resonanz auf die Ergebnisse abgefragt (Abbildung 22). Demnach spielte vor allem die Resonanz in der „Scientific Community" eine Rolle, gefolgt von der Zufriedenheit von BMBF und Projektträger. Zur Resonanz beim Fördergeber sagte allerdings eine ganze Reihe von Befragten, dass sie dies nicht beurteilen könnten, was auf einen gewissen Kommunikationsmangel schließen lässt. In die Verordnungspraxis gingen offenbar nur wenige Projektergebnisse ein, obwohl 56 % angegeben hatten, dass die Projektergebnisse dort umgesetzt werden sollen.

Dennoch meinten fast alle, dass die Ergebnisse den beabsichtigten Zielgruppen tatsächlich zugute kommen: der Zielgruppe „Wissenschaft" zu 99 %, den Zielgruppen „Behörden" und „Gesellschaft" zu je 90 % und der Zielgruppe „Industrie" zu 84 %.

Abbildung 22: Resonanz auf die Projektergebnisse

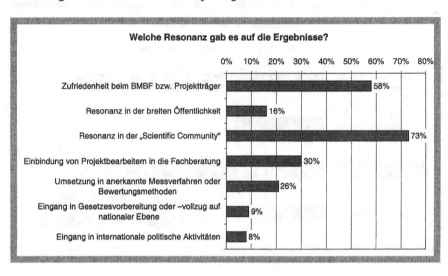

Reine Grundlagenforschung fand am meisten Resonanz in der Wissenschaft, aber auch in der Öffentlichkeit. Die größte Zufriedenheit beim BMBF erzielten Projekte, die sich auf den Gesetzesvollzug richteten. Umsetzung in anerkannte Messverfahren oder Bewertungsmethoden und Einbindung in die Fachberatung wurden am häufigsten als Wirkung genannt bei Projekten im Bereich Gesetzesvorbereitung oder -vollzug und in der Verfahrensentwicklung. Auch zwischen den Projektfamilien gibt es Unterschiede: Einbindung in die Fachberatung erfolgte häufiger in den Bereichen „Chemikalien" und „Bodenschutz", die Resonanz in der Wissenschaft wurde bei „Grundlagen" und die Zufriedenheit des BMBF bei „Methoden" überdurchschnittlich häufig genannt.

Auffallend ist, dass bei Projekten, die sich auf die Gesetzesvorbereitung auswirkten, alle anderen Resonanzaspekte weniger häufig genannt wurden, während zwischen allen anderen Aspekten hohe Korrelationen auftraten, z. B. hohe Resonanz in der Öffentlichkeit bei Projekten, deren Ergebnisse Eingang in internationale politische Aktivitäten fanden oder Umsetzung anerkannter Verfahren und Einbindung in die Fachberatung.

26 % gaben an, dass die Ergebnisse auch zu einem wirtschaftlichen Nutzen geführt hätten. 45 % haben auf der Basis der Ergebnisse Politikberatung durchgeführt oder dies zumindest versucht. 54 % sehen noch Anwendungsmöglichkeiten der Ergeb-

nisse in anderen als den geförderten Anwendungsfeldern. Die meisten Befragten sehen auch positive Auswirkungen auf die eigene Arbeit, vor allem Kompetenzgewinn (Abbildung 23).

Abbildung 23: Positive Wirkungen für die eigene Arbeit

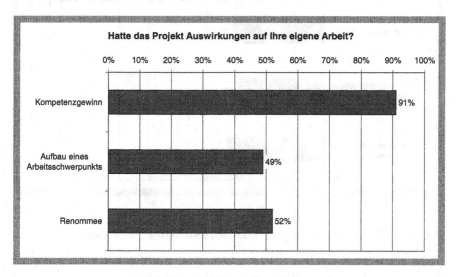

Gut die Hälfte der Befragten gab Hemmnisse für die Anwendung der Ergebnisse an (54 %), wobei alle drei abgefragten Gründe etwa gleich häufig genannt wurden (Abbildung 24).

Die Hälfte der Befragten (51 %) meint, dass die Verwendung der Ergebnisse vom BMBF stärker vorangetrieben werden sollte, 43 % halten das nicht für nötig, die übrigen wünschen dies auch nicht. Überdurchschnittlich hoch ist der Bedarf in der Projektfamilie „Grundlagen" (59 %), am geringsten im Bereich „Chemikalien" (39 %).

Eine abschließende Frage betraf die Einschätzung des Forschungsstands: „Wie sehen Sie den Stand der Forschung bei der Projektthematik in Deutschland verglichen mit dem Ausland?" Fast die Hälfte sieht den Stand etwa gleichauf.

Im Vergleich zwischen den Projektfamilien unterschiedet sich der Bereich „Chemikalien" deutlich von den übrigen in dieser Beurteilung: 69 % sehen die deutsche Forschung gleichauf mit dem Ausland, aber 23 % schätzen das Niveau in Deutschland niedriger ein.

Abbildung 24: Erfolgshemmnisse

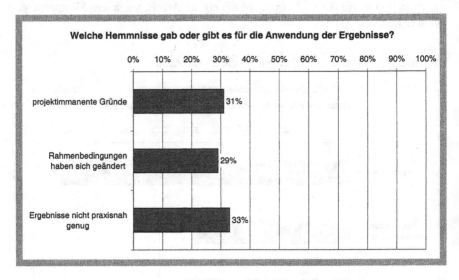

Abbildung 25: Positionierung der deutschen Ökotoxikologieforschung

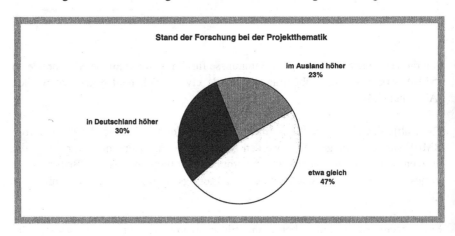

5.4.5 Objektivierung von Erfolgskriterien

Aus verschiedenen Fragen des Fragebogens wurde ein Indikator für den Projekterfolg zusammengestellt, um detailliertere Auswertungen vornehmen zu können (Tabelle 4). Die entsprechenden „positiven" Antworten bei diesen Fragen wurden durchgezählt. Eine Gewichtung erfolgte dabei nicht.

Tabelle 4: Fragestellungen der Umfrage, aus denen sich der Projekterfolg ableiten lässt

	Anzahl der Items
Aktivitäten nach Projektende (Frage 22): • Veröffentlichung in Deutschland • Veröffentlichung international • Presseveröffentlichung • Präsentation im Internet • Patente, Gebrauchsmuster, Lizenzen • Anfragen, Kooperationsangebote • Fortsetzungsprojekt	7
Resonanz (Frage 23): • Zufriedenheit beim BMBF bzw. Projektträger • Resonanz in der breiten Öffentlichkeit • Resonanz in der „Scientific Community" • Einbindung von Projektbearbeitern in die Fachberatung • Umsetzung in anerkannte Messverfahren oder Bewertungsmethoden • Eingang in Gesetzesvorbereitung oder -vollzug auf nationaler Ebene • Eingang in internationale politische Aktivitäten	7
Subjektiv erfolgreich (Frage 18)	1
Woran machen Sie den Erfolg fest? (Frage 19): • Erkenntnisfortschritt, wissenschaftlicher Erfolg • innovativer Charakter • Beitrag zur Problemlösung im Umweltbereich • praktische Umsetzung	4
Politikberatung (Frage 28)	1
Umsetzungsmöglichkeiten auf andere Anwendungsfelder (Frage 29)	1
Auswirkungen auf die eigene Arbeit (Frage 32): • Kompetenzgewinn • Aufbau eines Arbeitsschwerpunkts • Renommee	3
Summe	**24**

Das Ergebnis reicht bei 24 möglichen „positiven" Antworten von 0 bis 18 (Abbildung 26). Die meisten Projekte erhalten zwischen 8 und 11 Punkten auf dieser Skala, der Mittelwert liegt bei 10 Punkten. Die Einstufungen wurde für Kreuztabellenauswertungen wie folgt klassifiziert:

Erfolg hoch	12 bis 18 positive Antworten	30 % der Projekte
Erfolg mittel	8 bis 11 positive Antworten	41 % der Projekte
Erfolg niedrig	0 bis 8 positive Antworten	29 % der Projekte

Abbildung 26: Verteilung der Projekte nach der Höhe ihres Erfolgs

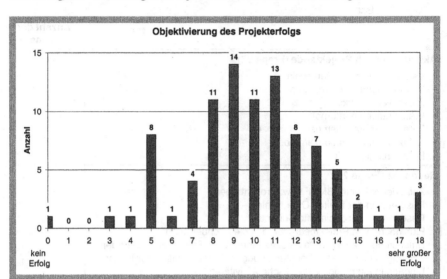

Für Korrelations- und Mittelwertanalysen wurde die Originalvariable ohne Zusammenfassung der Werte verwendet. Mit der Variablen „Erfolg" wurden dann Auswertungen nach strukturellen Merkmalen der Projektnehmer, Charakteristika der Projekte und Einschätzungen der Projektnehmer durchgeführt. Alle Analysen führten zu denselben Ergebnissen. Der Übersichtlichkeit wegen werden im Folgenden die Mittelwerte des Erfolgsindikators dargestellt: Je höher der Mittelwert, desto erfolgreicher waren die Projekte. Die Verteilung in Abbildung 26 zeigt, dass es nur wenige Projekte mit niedrigem Erfolg nach der hier gewählten Definition gibt. Daher liegen auch die Mittelwerte relativ eng beieinander.

Zusammenfassend zeigt die Analyse folgende Ergebnisse (Tabelle 5):

- Der Erfolg ist in den Projektfamilien „Maßnahmen" und „Stoffbewertung" war besonders groß.

- Projekte mit Partnern waren erfolgreicher, insbesondere bei Beteiligung der Industrie.

- Projekte mit Beteiligung ökonomischer Disziplinen waren überdurchschnittlich erfolgreich.

- Projekte, die viele Zielgruppen ansprechen, waren überdurchschnittlich erfolgreich.

- Projekte waren erfolgreicher je stärker BMBF oder Projektträger die Projektnehmer unterstützt haben; dies gilt für alle Bereiche, insbesondere für die Veröffentlichung von Ergebnissen.

Tabelle 5: Erfolgsfaktoren

	Erfolgsindikator Mittelwert
Insgesamt	10,1
Projektfamilie	
Mechanismen, Wirkungsmechanismen	8,4
Bewertungskonzepte	10,4
Maßnahmen	13,4
Methoden/aquatisch	10,5
Methoden/terrestrisch	7,3
Chemikalienbewertung/Industriechemikalien	10,3
Chemikalienbewertung/Pestizide	9,7
Chemikalienbewertung/Stoffgemisch	10,7
Bodenschutz/Bodenqualität	10,0
Bodenschutz/Stoffbewertung	12,5
Bodenschutz/Altlasten	9,6
Projektpartner	
auch aus der Industrie	11,0
nur aus der Forschung	9,6
kein Partner	8,4
Am Projekt beteiligte Disziplinen	
nur Naturwissenschaftler	9,8
auch Ingenieure und Techniker	10,2
auch Ökonomen	13,2
Zielgruppen	
alle (Wissenschaft, Behörden, Industrie, Gesellschaft)	11,6
alle ohne Industrie	11,4
nur Behörden oder Wissenschaft	8,0
übrige	9,3
Unterstützung durch BMBF und Projektträger bei Berichterstellung	
stark	12,5
etwas	10,3
(zu) wenig	9,1
nicht nötig	10,5
Unterstützung durch BMBF und Projektträger bei Veröffentlichung	
stark	16,0
etwas	10,3
(zu) wenig	9,6
nicht nötig	10,1

Der Zusammenhang mit dem Initialeffekt ist relativ gering: Nur durch die Förderung zustande gekommene Projekte waren etwas erfolgreicher (Tabelle 6). Ähnliches gilt auch für Projekte, die aus einer Diskussion mit dem BMBF heraus entstanden sind. Ganz eindeutig ist der Einfluss von Problemen im Projekt auf den Erfolg. Die Übereinstimmung des objektivierten Projekterfolgs mit der subjektiven Erfolgseinschätzung ist hoch.

Tabelle 6: Weitere Zusammenhänge mit dem Erfolgsindikator

	Erfolgsindikator Mittelwert
Initialeffekt	
auch ohne BMBF-Förderung durchgeführt	9,5
ohne Förderung später oder weniger umfangreich	10,0
nur bei anderweitiger Förderung	10,1
ohne BMBF-Förderung auf keinen Fall	10,3
Projektidee entstand in Diskussion mit dem BMBF	
ja	10,9
nein	9,8
Schwierigkeiten im Projekt	
keine	10,9
geringfügige	9,9
große	7,0
Subjektive Erfolgseinschätzung	
voll erfolgreich	12,1
überwiegend erfolgreich	8,6
nicht erfolgreich	7,0

5.4.6   Zusammenfassung: Projektnehmerbefragung

Zur Ergänzung der Erkenntnisse aus den Fallstudien wurden die Projektnehmer, die seit 1990 ein Projekt im Förderschwerpunkt „Ökotoxikologie" abgeschlossen hatten, schriftlich befragt. Dabei wurde mit 88 % ein sehr hoher Rücklauf erzielt. Der Initialeffekt der Förderung war groß: 83 % der Vorhaben wären ohne Förderung nicht durchgeführt worden. Die Projekte zielten vor allem auf die Beantwortung aktueller Fragen im öffentlichen Interesse und die Umsetzung in Gesetze oder Richtlinien. Bei 9 % der Projekte hatten BMBF und Projektträger einen starken Einfluss auf die Zielsetzung. Sie unterstützten die Projektnehmer vor allem bei der Antragstellung, weniger bei der Projektdurchführung. Im Hinblick auf die Anwendung der Ergebnisse hätten sich viele eine stärkere Hilfestellung gewünscht.

In fast allen Projekten wurde mit Partnern zusammengearbeitet, meist mit anderen Forschungseinrichtungen, zu einem guten Teil aber auch mit der Industrie oder mit Anwendern. Die Kooperationen brachten bei weitem mehr Vor- als Nachteile. Vorgesehene Aktivitäten nach Projektende, wie z. B. Veröffentlichungen, wurden in aller Regel auch realisiert. 47 % der Befragten halten ihr Projekt für erfolgreich, vor allem gemessen am Erkenntnisfortschritt, aber auch am Problemlösungsbeitrag im Umweltbereich. Positive Auswirkungen machten die meisten an der Resonanz in der „Scientific Community" und der Zufriedenheit bei BMBF und Projektträger fest. Aus den verschiedenen Aktivitäten und Wirkungen wurde ein Indikator für den Projekterfolg gebildet. Danach waren Projekte erfolgreicher, wenn BMBF oder

Projektträger Einfluss auf die Projekte nahmen und Unterstützung leisteten, wenn die Projekte interdisziplinär und mit Partnern bearbeitet wurden und wenn sie sich an mehrere Zielgruppen richteten.

5.5 Zielgruppenbefragung

Es wurden Akteure befragt, die als potenzielle Anwender – das heißt als Zielgruppen – der Forschungsergebnisse identifiziert werden konnten. Gesprächspartner waren Vertreter von

- Umweltbehörden des Bundes (UBA, BBA, Wasserwirtschaft und Bodenschutz), der Länder (LUA) sowie einer EU-Behörde (DG ENV, Gewässerschutz)
- Wirtschaftsunternehmen und -verbänden (IVA, VCI)
- der Wissenschaft (Universitäten)

Intention der Zielgruppenbefragung war die Abklärung der Frage nach der Ergebnisbindung und Umsetzung, das heißt, ob Forschungsergebnisse die Zielgruppen erreichten, ob Ergebnisse nutzbar waren und auch tatsächlich genutzt und umgesetzt wurden und wie damit die grundsätzliche Wirkung der ökotoxikologischen Forschung auf die Zielgruppen einzuschätzen ist. Explizit wurden – je nach Zielgruppe – folgende Themenkomplexe abgefragt:

- Beurteilung der Ergebnisse durch die Zielgruppen (z. B. innovativer Charakter, Beitrag zur Problemlösung im Umweltbereich, Bedeutung für die technische Entwicklung etc.)
- Nutzung bei der Vorbereitung der Umsetzung von Gesetzen
- Nutzung der im Projekt erarbeiteten Grundlagen zur Formulierung, Erweiterung oder Modifizierung von Umweltschutzzielen und Umweltstandards
- Ergebnisbindung durch Eingang in internationale Behörden und Organisationen und deren Gesetze, Verordnungen, Richtlinien und Empfehlungen
- Nutzung der Innovation in einem Unternehmen oder einer Branche und Auswirkungen auf die Verbesserung der Wettbewerbsfähigkeit und andere wirtschaftliche Indikatoren
- Nutzung der im Projekt erarbeiteten Grundlagen zur Formulierung von betrieblichen Umweltschutzzielen.

Der Fragenkatalog ist in Anhang A.3 dargestellt.

Es wurde deutlich, dass sich eine Reihe der Befragten bisher nicht als Zielgruppe der BMBF-Forschungsförderung verstanden haben oder die Forschungsergebnisse die Zielgruppen nicht erreicht haben. Aus diesem Grund wurden wenige oder keine

Angaben zur Nutzung oder Ergebnisbindung gemacht. Alle Befragten äußerten sich jedoch sehr konstruktiv zur zukünftigen Positionierung des BMBF sowie Themen und Nischen der Forschungsförderung in der Ökotoxikologie. Von allen Befragten wurde das Thema Ökotoxikologie als permanent wichtig angesehen.

5.5.1   Zielgruppe Behörden des Bundes und der Länder

Schnittstelle BMBF/BMU/UBA

Aus Sicht der nationalen Behördenvertreter sollte der BMBF-Förderschwerpunkt „Ökotoxikologie" Beiträge zur Methodenentwicklung liefern, die im nachfolgenden Schritt Eingang in die Normung finden. Damit ist eine sinnvolle Schnittstelle zur Forschungsförderung des BMU definiert, das kurzfristig auf aktuelle Fragestellungen, die sich aus der Umsetzung des Gesetzesvollzugs ergeben, reagieren muss. Es ist jedoch beispielsweise nicht Aufgabe des BMBF, Schwellenwerte oder Umweltqualitätsstandards abzuleiten.

Benötigt werden hingegen Handlungsanleitungen und Leitfäden zur praktischen Nutzung im Umweltbereich sowie eine wissenschaftliche Begründung und Bewertung des Rahmens der Anwendbarkeit von Methoden.

Ergebnistransfer und -nutzung

Aus Sicht der Befragten werden die Ergebnisse nicht hinreichend bekannt gemacht, so dass letztlich kein ausreichender Transfer zum potenziellen Anwender stattfindet. Auf diese Weise fehlt dem BMU/UBA häufig die Möglichkeit einer Beurteilung, ob die im Vorfeld entwickelten Methoden genutzt werden können oder nicht.

Vorgeschlagen wird eine engere Einbindung der Zielgruppe in die Forschungsplanung zur Verbesserung der Orientierung am Bedarf der Zielgruppen. Dies könnte durch Einladung ihrer Vertreter in Gutachtergremien schon von Projektbeginn an erfolgen. Weiterhin wäre eine Einbeziehung der Zielgruppen über das Projektende hinaus sinnvoll, damit die Ergebnisse adäquat genutzt werden können.

Projektbegutachtung

Als Nachteile der heutigen Projektbegutachtung wird gesehen, dass die Interessen einzelner Gutachter, besonders aus dem Hochschulbereich, eine zu große Rolle bei der Mittelvergabe spielen. Des Weiteren wird häufiger Gutachterwechsel und die damit verbundene mangelnde Objektivität als Schwachstelle gesehen.

Es wird vorgeschlagen, aus verschiedenen Zielgruppen Vertreter zu benennen und eine Kombination aus schriftlicher und fernmündlicher Begutachtung – eventuell mit einer zusätzlichen Sitzung – als Standard anzustreben.

Zukünftige Positionierung der Forschungsförderung „Ökotoxikologie" –
Themen und Nischen

Die Befragten schlugen vor, stärker reine Forschungsaspekte, das heißt Erkenntnisgewinn, zu berücksichtigen. Außerdem sollten sowohl bei Ausschreibungstexten als auch bei der Begutachtung häufiger mehrere Zielgruppen gleichzeitig angesprochen werden, um so zu einem vielseitig verwendbaren Ergebnis der Forschungsförderung zu gelangen.

Die institutionelle Förderung sollte nicht verstärkt werden, da diese als zu wenig flexibel angesehen wird. Auf neue Themenfelder kann bei stets gleichen Bearbeitern (immer gleiches Know-how) nicht angemessen reagiert werden. „Es werden Themen bearbeitet, aber nicht aktuelle Fragen beantwortet!"

Als zukünftige Themenbereiche werden gesehen: praktische Evaluierung von entwickelten Herangehensweisen, Leitfäden zur praktischen Bewertung von Möglichkeiten, Gültigkeiten und Grenzen von Methoden. Konkret sind dies beispielsweise:

• Öktoxikologie in der Altlastensanierung
• Beurteilung der Ökotoxizität von Schadstoffen im Grundwasser
• Maßstäbe zur ökotoxikologischen Bewertung im Bereich des Bodenschutzes.

5.5.2   Zielgruppe europäische Umweltbehörde

Zukünftige Positionierung der Forschungsförderung „Ökotoxikologie" –
Themen und Nischen

Da sich der Repräsentant dieser Zielgruppe bisher nicht als „Zielgruppe" verstanden hat, wurde ausschließlich auf die zukünftige Ausrichtung der BMBF-Förderpolitik eingegangen. Hier wurden folgende Aspekte genannt:

• Erhöhung der Politikrelevanz der Forschung
• Koordinierung des BMBF-Forschungsprogramms mit der EU-Forschungsförderung (auch: bilaterale Kofinanzierung im 6. Rahmenprogramm mit einem EU-Mitgliedsstaat)
• Beteiligung europäischer Kooperationspartner an national geförderten Projekten
• Themenvorschläge: Ökotoxizität für marine Organismen, Schadstofftransfer zwischen den Umweltmedien, Beurteilung der ökologischen Qualität von Umweltmedien.

5.5.3 Zielgruppe Wissenschaft

Projektbegutachtung

Für nachteilig halten die befragten Wissenschaftler – wie auch die Vertreter der Zielgruppe Behörde – die wechselnde Zusammensetzung von Gutachtergremien und die häufig erfolgende unkritische Auseinandersetzung mit den Anträgen. Eine stärkere Projektbegleitung durch Gutachter (Projektmonitoring) wurde als wünschenswert bezeichnet.

Kontrovers wurde die Benennung von Vertretern aus verschiedenen Zielgruppen diskutiert, da auf der einen Seite zwar eine verbesserte Objektivität in der Begutachtung und Anwendungsorientierung der Projekte erzielt wird, auf der anderen Seite jedoch möglicherweise ein gewisser Lobbyismus nicht auszuschließen ist.

Zukünftige Positionierung der Forschungsförderung „Ökotoxikologie" –
Themen und Nischen

Grundsätzlich wird die Projektforschungsförderung des BMBF als wichtige Basis der angewandten Forschung unter Einbeziehung von Grundlagen angesehen; dies sollte auch weiterhin eine Aufgabe des BMBF bleiben. Damit ist der BMBF eine wichtige Forschungsinstitution speziell für die Hochschulen, die sich zunehmend anwendungsbezogener orientieren wollen und auch müssen. Die DFG wird in einigen Bereichen als zu wenig anwendungsorientiert angesehen.

Die Befragten schlugen vor, ausländische Partner stärker einzubeziehen, da in Deutschland zum Teil zu wenige Forscher auf den entsprechenden Gebieten tätig sind. Dieser Vorschlag deckt sich mit dem des EU-Repräsentanten, der ebenfalls eine Internationalisierung national geförderter Projekte erwähnte.

Es wurde für richtig gehalten, sowohl Verbünde als auch Einzelprojekte zu fördern, um auf der einen Seite – in den Verbünden – ein breites Know-how einsetzen zu können und auf der anderen Seite – in den Einzelprojekten – schnell und ohne zeitaufwendigen Koordinationsaufwand auf eine gezielte Fragestellung reagieren zu können.

Alle Befragte sahen eine Verbesserung der Außendarstellung, sowohl des Förderprogramms als auch der Projektergebnisse, als notwendig an. Des Weiteren sollte das Projektmonitoring verbessert werden.

Als wesentliche Zukunftsthemen wurden angegeben: Ökologisches Monitoring, ökologische und ökonomische Beurteilung der Umweltqualität, lokale Risikobeurteilung. (Damit zeigen sich Parallelen mit den Vorschlägen der EU-Behörde.)

5.5.4   Zielgruppe Wirtschaft/Wirtschaftsverband

Ein Repräsentant des IVA gab folgende Stellungnahme ab: „Verschiedene Arbeitskreise, zum Beispiel der AK Ökobiologie, innerhalb des IVA befassen sich mit Themen im Bereich der Ökologie und Ökotoxikologie, die in engem Zusammenhang mit Fragestellungen stehen, die bei der Bewertung von möglichen ungewollten Auswirkungen von PSM auftreten. Ergebnisse von thematisch ähnlichen Forschungsvorhaben, die durch das BMBF gefördert wurden und durchaus von Interesse für die Pflanzenschutzindustrie sind, sind nicht massiv in den IVA hineingetragen worden. Entsprechende Schriftstücke des BMBF bleiben unauffällig und werden von daher nicht in ausreichender Form wahrgenommen, so dass ein ‚passiver' Informationstransfer kaum stattfindet. Noch weniger kann in einer solchen Situation ein ‚aktiver' Informationstransfer erfolgen, dergestalt, dass Projektergebnisse abgerufen, eingesehen und für eigene Fragestellungen genutzt werden, da das Vorliegen dieser Informationen nicht wahrgenommen wird.

Seitens des IVA als Zielgruppe besteht jedoch großes Interesse an einer zukünftigen Mitgestaltung von Förderthemen – ggf. bis hin zur Kofinanzierung von langfristigen Fragestellungen, die in der Routine der Produktentwicklung und Bewertung nicht beantwortet werden können. Hierzu besteht das Angebot eines personellen Inputs in Form von aktiver Teilnahme an entsprechenden Strategiesitzungen.

Eine thematische Ausrichtung wird beispielsweise in Fragestellungen zur Interpretation von vorhandenen – zum Teil widersprüchlichen – Informationen gesehen, die in der langjährigen ökotoxikologischen Forschung zusammengetragen worden sind. Bei Sichtung der vorliegenden Informationen tritt beispielsweise häufig die Diskussion auf, welche Fragestellungen welche Informationsschärfe und Aussagegehalte in den Antworten benötigen, damit die Antworten belastbar, nutzbar und anwendbar sind. Als Anwendungsbeispiele sind zu nennen:

- Diskrepanzen zwischen beobachteten Effekten in Böden im Freiland und prognostizierten Effekten auf der Basis von Laborergebnissen; Konzepte für Erklärungen.

- Wie viel Prozent einer Art müssen geschützt sein, um die Funktion des betrachteten Ökosystemausschnitts zu erhalten; wie lassen sich die Aussagen über die Population auf die Art übertragen?"

Folgende Stellungnahme wurde von einem Unternehmen abgegeben: „Aus der Sicht der mit Produktsicherheitsfragen befassten Bereiche der Chemischen Industrie ist der Themenkomplex ‚Ökotoxikologie' ein wesentliches Feld zur Entwicklung geeigneter Bewertungsinstrumentarien und ein wichtiges Element zur Definition langfristig tragfähiger Produktkonzepte. Dies bezieht sich sowohl auf die Entwicklung, Erprobung und Implementation von Testverfahren neuer, mit dem bisherigen Testinstrumentarium nicht oder unzureichend abgedeckter Wirkendpunkte (z. B.

endokrine Wirkung im Umweltbereich) wie auch auf Fragestellungen, die als Grundlage für eine den realen Verhältnissen besser angepasste Bewertungsstrategie dienen können (z. B. Wirkung von Stoffgemischen und Additivitätsproblematik). Hierzu gehört auch die Entwicklung von Tools, die eine schnelle und wissenschaftlich fundierte Aussage zu ökologischen Fragestellungen der Produktsicherheit geben und gleichzeitig den experimentellen Aufwand in ökonomischen Grenzen halten können (QSARs).

Die kritische Evaluierung des heute verwendeten Umweltrisikobewertungs-Prozesses im Hinblick auf die realistische Prognose von biologischen Effekten ist sicherlich ebenfalls eine in Fallstudien zu bearbeitende Aufgabenstellung, in der das ‚biological monitoring‘ eine wichtige Rolle spielen müsste (z. B. Vergleich von Risikobewertungsprognosen (PNEC) mit den realen Verhältnissen). Die zentrale Fragestellung der ökotoxikologischen Wirkung ist dabei unabdingbar mit der Frage der Exposition chemischer Verbindungen verknüpft. Dazu gibt es heute eine Reihe von (auch georeferenzierten) Tools, deren Weiterentwicklung zu einer konkreteren und beschleunigten Risikobeurteilung beitragen könnte.

Im Gegensatz zum aquatischen Bereich ist die ökotoxikologisch-methodische Abdeckung des terrestrischen und Sedimentbereichs (Süßwasser, marin) noch relativ dürftig, was sich auch im Mangel an Standardtestverfahren und darauf basierenden Daten ausdrückt.“

5.5.5   Zusammenfassung: Zielgruppenbefragung

Es wurden Akteure befragt, die als potenzielle Anwender – das heißt als Zielgruppen – der Forschungsergebnisse identifiziert werden konnten. Bei den Zielgruppen handelte es sich um Umweltbehörden des Bundes, der Länder und einer EU-Behörde, Wirtschaftsunternehmen und -verbände und der Wissenschaft. Intention der Zielgruppenbefragung war die Abklärung der Frage nach der Ergebnisbindung und Umsetzung, das heißt, ob Forschungsergebnisse die Zielgruppen erreichten, ob Ergebnisse nutzbar waren und auch tatsächlich genutzt und umgesetzt wurden, und wie damit die Wirkung der ökotoxikologischen Forschung auf die Zielgruppen einzuschätzen ist.

Für die **Zielgruppe Wissenschaft** ergibt sich der Nutzen aus den Kriterien der wissenschaftlichen Forschungsbewertung (Impact-Faktor der Zeitschriften, in denen veröffentlicht wurde) und der fachlichen Anerkennung der Forschungsnehmer in ihrem Bereich innerhalb der Scientific Community. Im engeren Bereich der Ökotoxikologie haben die spezifischen Zeitschriften einen relativ niedrigen Impact-Faktor, der jedoch nicht die Qualität der publizierten Arbeiten reflektiert, so dass ökotoxikologische Arbeiten auch in verwandten Zeitschriften mit höherem Impact-Faktor veröffentlicht werden.

Die **Industrie** nutzt die Ergebnisse als allgemeine Literatur- und Hintergrundinformation, was nicht bedeutet, dass einige Projekte durchaus auch zu aktuellen Fragestellungen der Chemischen und Pflanzenschutzindustrie, identisch zu den Fragestellungen der Behörden, bearbeitet wurden. Da die Schutzziele der Ökotoxikologie seitens der Industrie nicht immer pro-aktiv (von Experten abgesehen) mit getragen werden, sondern für die Industrie ökotoxikologische Untersuchungen im Wesentlichen eine wirtschaftliche Belastung bedeuten, besteht zwangsläufig ein Konflikt. Jedoch werden ökotoxikologische Untersuchungen als wichtiges Element zur Definition langfristig tragfähiger Produktkonzepte gesehen, wobei dies sowohl die Entwicklung, Erprobung und Implementation von Testverfahren neuer, mit dem bisherigen Instrumentarium nicht oder unzureichend abgedeckter Wirkendpunkte als auch auf Fragestellungen, die als Grundlage für eine den realen Verhältnissen besser angepasste Bewertungsstrategie dienen können, umfasst.

Da **Behörden** erst in jüngerer Zeit wieder in die Planung eingebunden wurden, sind die Ergebnisse etwas zeitlich zurückliegender Projekte (etwa Anfang der 80er bis Anfang der 90er Jahre) vorwiegend als Hintergrundinformation, jedoch selten als unmittelbare Grundlage für nachfolgende Ressortforschung genutzt worden. Für die Behörden als Zielgruppe gilt insbesondere für die im gleichen Zeitraum durchgeführten Projekte, dass eine mangelhafte Kommunikation zwischen den Vorstellungen der Wissenschaft und dem Bedarf der Behörden eine der Ursachen für eine fehlende Nutzung ist. Bei Beginn der ökotoxikologischen Forschung in den 70er Jahren wurden eine Reihe von Projektverbünden unmittelbar durch die zutreffenden Behörden initiiert, teilweise in eigenen Forschungseinrichtungen auch Projekte realisiert, so dass hier eine unmittelbare Nutzung gewährleistet war.

Äußerungen seitens der befragten Akteure zu zukünftigen Themenfeldern sind in kondensierter Form in Kapitel 5.6.2 (zukünftige fachliche Schwerpunkte) aufgeführt.

5.6 Experten-Workshop

Am 29. Januar 2002 fand in Bonn ein Experten-Workshop mit 15 Teilnehmern aus Behörden, Industrie, Hochschulen und Forschungseinrichtungen – also mit Repräsentanten der verschiedenen Zielgruppen – statt. Aufgabe der eingeladenen Experten war es, aktiv eine Bewertung des Förderschwerpunktes und seiner bisherigen Rolle im Fördersystem sowie der Auswirkungen auf den Stand der Umweltforschung und regulative Maßnahmen vorzunehmen und darüber hinaus Empfehlungen für die künftige Förderpolitik zu erarbeiten.

Es war nicht Ziel der Veranstaltung, die bisher erzielten Ergebnisse der Evaluationsstudie zu präsentieren. Dem Einladungsschreiben lagen lediglich Hinweise zur Hintergrundinformation bei:

„Projekt ‚Bilanzierung der Ergebnisse im BMBF-Förderschwerpunkt Ökotoxikologie'

Unter seinem Schwerpunkt ‚Ökotoxikologie' förderte das BMBF seit 1972 mehr als 200 Vorhaben mit einem Gesamtvolumen von fast 130 Millionen DM. Der wissenschaftliche Fokus lag dabei gemäß der Förderschwerpunkte vornehmlich auf einer Betrachtung der Auswirkungen von chemischen Stressoren auf ökologische Systeme unterschiedlicher Komplexität und Integrationsstufen.

Die Evaluationsstudie dient der rückblickenden Analyse und Bewertung der geförderten Projekte durch Spiegelung der Ergebnisse und Wirkungen bei Zielgruppen an der ursprünglichen Intention mit dem Ziel einer Handlungsempfehlung zum weiteren Bedarf und zur strategischen Positionierung der BMBF-Förderung im Bereich ‚Ökotoxikologie' zwischen anwendungsnaher Forschung und institutioneller Förderung.

Methodisch wurden die Projekte zunächst mittels einer Bestandsaufnahme von Projektdaten, Zielen und Ergebnissen in einen Systematisierungsrahmen eingeordnet. Anschließend erfolgten Detailanalysen typischer Fallbeispiele von Projektfamilien, eine Evaluation der Gesamtheit der Förderprojekte anhand einer schriftlichen Befragung von Projektnehmern und Interviews mit Zielgruppenvertretern. Durch den Workshop mit Fachleuten sollen die gewonnenen Erkenntnisse abgerundet werden."

Dem Workshop lagen folgende Leitfragen zugrunde:

- Wie sollte sich die BMBF-Förderung im Schwerpunkt „Ökotoxikologie" zwischen Grundlagenforschung und Umsetzung positionieren? Wie können die Ziele an Forschungseinrichtungen vermittelt werden?

- Welche Konsequenzen hat die Querschnittsorientierung im Bereich „Ökotoxikologie"? Werden Konflikte mit dem disziplinären Charakter vieler Forschungseinrichtungen gesehen? Wie soll sich die Forschung auf institutionelle und Projektförderung verteilen?

- Wie kann man erreichen, dass Forschungsergebnisse stärker umgesetzt werden, z. B. in Form von Publikationen, für die Gesetzesvorbereitung oder eine wirtschaftliche Nutzung? Welche Rolle spielt die deutsche Ökotoxikologieforschung im internationalen Vergleich?

- Welche thematischen Schwerpunkte sollten für die künftige Förderung des BMBF in diesem Bereich gesetzt werden? Welche zusätzlichen Finanzierungsquellen für diese Forschung sind denkbar?

5.6.1 Stellungnahmen und Empfehlungen als Resultat der bisherigen Forschungsförderung

Auf den folgenden Seiten sind die Stellungnahmen und Empfehlungen der Teilnehmer so zusammengefasst, dass einer vorangestellten Empfehlung die entsprechenden – auch kontroversen – Detaillierungen und Kommentare der Workshopteilnehmer zugeordnet wurden. Unterschiedlich formulierte, jedoch inhaltlich redundante Stellungnahmen wurden weitgehend erhalten, um die Authentizität der Einzelbeiträge zu gewährleisten. Nach dem Workshop wurden den Teilnehmern die protokollierten Statements zugeschickt, und sie sollten jeweils angeben, ob sie ihnen zustimmen oder nicht. Diese Einschätzungen wurden ausgewertet. Dabei wurden auch Modifizierungsvorschläge und zusätzliche, neue Aussagen (die deshalb keine Bewertung erhalten konnten) aufgenommen. Für die Auswertung wurden die durch die Experten vorgenommenen Klassifizierungen (+ = Übereinstimmung mit der getroffenen Aussage; 0 = keine eindeutige Stellungnahme möglich; – = keine Zustimmung) in numerische Aussagen umgewandelt und unter „Mittelwertbildung" zusammengefasst (d. h. es konnte bei maximaler Zustimmung eine Zahl von 3 erhalten werden). Je höher die der entsprechenden Aussage zugeordnete Zahl ist, umso größer war die Zustimmung durch die Experten. Die Anzahl der pro Einzelstatement durch die Teilnehmer vorgenommenen Wertungen schwankte zwischen neun und fünf. Eine statistische Auswertung einschließlich Signifikanzanalyse oder eine Wichtung des Mittelwertes wurde nicht vorgenommen.

Empfehlung 1:

In seiner projektfinanzierten Forschungsförderung sollte das BMBF neben themenorientierter Grundlagenforschung auch anwendungs- und zielgruppenorientierte Projekte fördern, die auf die Bedürfnisse der Nutzer abgestimmt sind. Um die gewünschte Effizienz der Umsetzung bei den Zielgruppen zu erreichen, sollten eine Reihe von Aspekten beachtet werden.

Detaillierung, Kommentare:

- Eine effiziente Bearbeitung mit anschließendem Transfer umsetzungsrelevanter Ergebnisse kann durch eine Verbesserung der Stellung (Rechte und Pflichten) und Aufgaben von Koordinatoren in Verbundprojekten wesentlich optimiert werden. Hierzu sind erfahrene Wissenschaftler, insbesondere auch die Projektverantwortlichen, weniger jedoch Doktoranden, notwendig. **(3)**

- Wesentliches Element für eine gelungene Umsetzung ist der Dialog zwischen der Scientific Community und den Anwendern. **(3)**

- Bei einer zielgruppenorientierten Projektförderung im Bereich der ökotoxikologischen Prüfmethoden ist die Erwartung der Anwender hinsichtlich Reproduzierbarkeit, Verallgemeinerbarkeit und Justiziabilität der Aussagen zu berücksichtigen. Das Schwergewicht sollte dabei in der Beurteilung der Zuverlässigkeit der Anwendbarkeit von Methoden liegen. **(2,83)**

- Die Umsetzung von Ergebnissen (Beispiel: Risikokonzepte) könnte durch eine verstärkte Lobby, insbesondere durch die Behörden, deutlich verbessert werden. Als Beispiel sind die Niederlande zu nennen, die eine bessere Verbindung zwischen der Forschung und den Entscheidungsträgern in Gremien haben. **(2,83)**

- Die Effizienz der Umsetzung kann durch die Bündelung von Zwischenergebnissen und Einzelaspekten (insbesondere in größeren Verbünden) optimiert werden. Weitere Verbesserungen können durch die Einrichtung eines „Interface" zwischen dem Forschungsbericht und dem durch den Anwender unmittelbar nutzbaren Produkt mittels übergreifender Einordnung und Bewertung der Ergebnisse erfolgen. **(2,67)**

- Der Nutzer sollte Steuerungsfunktionen übernehmen, indem er bereits in der Begutachtung und in entsprechenden Projektbeiräten beteiligt wird. Auf diese Weise wird der Anwender, der auch die Rolle eines Multiplikators einnimmt, bereits in die Projektkonzeption und -durchführung einbezogen. Auf internationaler Ebene (Beispiel: EU-Projekt „Multiple Wirkungen bei kleinen Dosen), aber auch beim BMBF selbst (Beispiel: Projekt „Sickerwasserprognose") gibt es positive Beispiele, die modellhaft für weitere Projekte stehen können . **(2,55)**

- Projektziele und -durchführung sollten gemeinsam mit den Nutzern formuliert und während der Laufzeit kontinuierlich überprüft werden, so dass eine effiziente Umsetzung möglich wird. **(2,33)**

- Eine Umsetzung der Ergebnisse im Themenschwerpunkt der Chemikalienbewertung ist vor allem auf internationaler Ebene (OECD, EU) sinnvoll. **(2,29)**

- Die Zielvorgabe sollte durch den Nutzer mit definiert werden, um eine „Selbstbeschäftigung" des Forschers zu vermeiden. Hierbei ist jedoch im einzelnen zu entscheiden, ob der Nutzer dies vom wissenschaftlichen Standpunkt aus beurteilen kann. Das bedeutet auch, dass die Auswertung von Ergebnissen nicht erst im letzten Jahr der Projektbearbeitung erfolgen kann. Die Synopse des Projektes muss jedoch immer der Schlussphase vorbehalten bleiben. Der Projektzeitplan sollte für die Auswertung ausreichend Zeit vorsehen, die auch eingehalten werden muss. **(1,86)**

- Eine verstärkte Einspeisung der Forschungsergebnisse – ggf. nach anwendungsorientierter Aufbereitung – in die Arbeiten der Bund/Länderarbeitgemeinschaften (u. a. LABO, LAGA, LAWA) könnte die administrative Umsetzung erheblich befördern. **(neu)**

Empfehlung 2:
Die projektfinanzierte Forschungsförderung des BMBF sollte ausgewogen sowohl themenorientierte Grundlagenforschung als auch anwendungsorientierte Forschung umfassen.

Detaillierung, Kommentare:

- Die Empfehlung, dass ökotoxikologische Forschung zielgruppenorientiert sein sollte, gilt für einen Teil dieser Forschung (zum Beispiel: Methodenentwicklung), nicht aber für ihre Gesamtheit. **(3)**

- Ohne gute Grundlagenforschung ist keine gute anwendungsorientierte Forschung möglich. Die Klammer zwischen den beiden ist Themen- bzw. Problemfokussierung. Die provokante These „anwendungsorientierte Forschung versus grundlagenorientierte Forschung" führt nicht weiter. Vielmehr ist eine Kombination beider Ansätze durch Fokussierung auf gemeinsame Themen und Problemstellungen sinnvoll und zielführend. **(3)**

- Kompetenzentwicklung und -erhaltung ist notwendig, damit bereits heute strategische, grundlagenorientierte Lösungen erarbeitet werden können. **(3)**

- Eine ausschließliche Fokussierung auf Zielvorgaben ist nicht nachhaltig, da Innovation – unabhängig von starren Zielen – ebenfalls benötigt wird. **(2,75)**

- Es ist eine Chance des BMBF, die Entwicklung von Grundlagen zu fördern, welche anschließend durch die Ressortforschung übernommen werden können. Damit erhält der BMBF eine bedeutende Stellung, da die Grundlagenforschung durch die DFG nicht in ausreichendem Maße übernommen werden kann (und in Zukunft vermutlich noch weniger übernommen werden wird). **(2,67)**

- Das BMBF sollte Grundlagen schaffen, auf denen im nächsten Schritt die ziel- und maßnahmenorientierte Forschung aufgebaut werden kann. **(2,67)**

- Bei einer Positionierung der ökotoxikologischen Forschung zwischen Grundlagenforschung und anwendungsorientierter Forschung ist auch eine grundsätzliche Profilbildung der Ökotoxikologie notwendig. Bei dieser Profilbildung ist die Stellung der Ökotoxikologie in der Ökosystemforschung zu beschreiben. **(2,57)**

- In der Wahrnehmung von Forschungsnehmern und Anwendern wechselt die BMBF-Forschungsförderung zwischen Grundlagen- und Anwendungsorientierung. Hier wird eine eindeutige Positionierung empfohlen. **(2,33)**

- Alternativmeinung dazu: Dies kann für die Ökotoxikologie nicht günstig sein, da diese als anwendungsbezogene, problemorientierte Wissenschaftsdisziplin definiert ist. Je nach Fragestellung sind daher immer grundlagen- und/oder anwendungsorientierte Ansätze notwendig. **(neu)**

Empfehlung 3:

Neben einer Positionierung der Forschungsförderung im Schwerpunkt „Ökotoxikologie" zwischen Grundlagen- und Anwendungsorientierung ist auch eine fachlich-inhaltliche und problemorientierte Positionierung vorzunehmen, welche die Chancen dieser interdisziplinären Forschungsrichtung verdeutlicht und gegebenenfalls verbessert.

Detaillierung, Kommentare:

- Notwendig ist eine Einordnung der Ökotoxikologie in die Ökosystemforschung – u. a. zur Definition von Bezugsgrößen, die zum Beispiel für Ursachen-Wirkungsbeziehungen und zur Interpretation der Bedeutung von Auslenkungen von Soll-Zuständen herangezogen werden können. Hierbei wird die Interdisziplinarität der Ökotoxikologie als Chance gesehen. **(2,75)**

- Die Ökotoxikologie ist ebenso wie die Ökosystemforschung interdisziplinär. Der klare Fokus der Ökotoxikologie ist der stoffliche Bezug und die Stoffbewertung. Der Anspruch der Ökotoxikologie als „Ökosystem-Toxikologie" macht es erforderlich, die Ökotoxikologie als Teilbereich der Ökosystemforschung zu begreifen. Außerdem kann die Ökotoxikologie immer nur „systemspezifisch" sein, d. h. sich auf aquatische oder terrestrische, natürliche oder anthropogene Systeme beziehen. **(neu)**

- Die Ökotoxikologie konnte sich aus dem Bereich der Methodenentwicklung nur bedingt lösen und inhaltlich weiter entwicklen. Eine Zusammenführung der Einzellösungen (Methoden) in einen Gesamtzusammenhang findet bisher kaum statt. Dies würde jedoch eine stärkere Ausrichtung auf die Ökosystemforschung erfordern. **(2,71)**

- Die Interdisziplinarität der Fachrichtung Ökotoxikologie wird auf der einen Seite als Chance empfunden. Bei dem Prozess der Formulierung einer Positionierung und der Identitätsfindung dürften gerade hier jedoch auch Schwierigkeiten liegen. **(2,42)**

- Die Chancen der Ökotoxikologie werden zum heutigen Zeitpunkt darin gesehen, konkrete Fragen zu beantworten. (Dies spricht auch dafür, keine grundsätzliche Trennung zwischen Grundlagenforschung und Anwendungsorientierung vorzunehmen.) Eine gegenwärtige Verknüpfung mit der Ökologie scheint die Chancen der Fachrichtung Ökotoxikologie nicht zu verbessern. **(1,88)**

Empfehlung 4:

Die Bearbeitung ökotoxikologischer Fragestellungen und Projekte sollte hinsichtlich der Methodenebene (Einzelfaktor, Labor bis Freiland) und der Ergebniserwartung (Realitätsnähe, Unschärfe) strukturiert werden, um den Anwendungsbereich eindeutig zu identifizieren.

Detaillierung, Kommentare:

- Die Ökotoxikologie ist in Abhängigkeit von der Fragestellung mit unscharfen Aussagen verbunden. Das bedeutet, dass die Forschungsergebnisse – zum Beispiel auf dem Gebiet der ökotoxikologischen Wirkungsforschung und Risikoabschätzung – letztlich mit Wahrscheinlichkeitsaussagen verbunden sind, die sich jedoch häufig nicht im mathematischen Sinn präzisieren lassen. Zur beispielhaften Darstellung dieses Sachverhaltes könnten in den Ökosystemforschungszentren geeignete Arbeiten durchgeführt werden. **(2,22)**

- Die bei den Ergebnissen jeweils zu erwartende Unschärfe könnte ein Systematisierungskriterium für Projekttypen (Projektstrukturen) sein („Bei welcher Fragestellung ist mit welcher Unschärfe zu rechnen und welche Projektstruktur ist dann angemessen?"). **(2,14)**

- Eine Diskrepanz entsteht bei der Forderung nach Justiziabilität von Ergebnissen auf der einen Seite und dem tatsächlich probabilistischen Ergebnistyp (der typisch für die Ökotoxikologie ist) auf der anderen Seite. Eine zufriedenstellende internationale Anerkennung kann nur dann erreicht werden, wenn probabilistische Auswertungen durchgeführt werden und der „probabilistische Ergebnistyp", der der realen Umwelt entspricht, von einer internationalen Community als eine mögliche Darstellungsform akzeptiert wird. Diese Ergebnisdarstellung ist in der Vergangenheit kaum umgesetzt worden; ein erfolgreiches Anwendungsbeispiel ist das europaweit akzeptierte Critical-load-/Critical-levels-Konzept für grenzüberschreitende Luftverunreinigungen. **(1,88)**

Empfehlung 5:

Bei einer internationalen Positionierung der Ergebnisse der Forschungsförderung in Deutschland zeigt sich ein heterogenes Bild, das durch zum Teil kontroverse Wahrnehmungen und Erfahrungen geprägt ist.
Die Positionierung der ökotoxikologischen Forschung in Deutschland entspricht nicht der wirtschaftlichen Bedeutung, insbesondere der Chemischen Industrie in Deutschland und ist grundlegend zu verbessern, wenn dem Vorwurf eines mangelhaften „Responsible Care", auch durch die öffentliche Hand, entgegengetreten werden soll.

Detaillierung, Kommentare:

- Führende Länder in der Thematik „Risikoabschätzung" sind in Europa vor allem die Niederlande, Großbritannien und Dänemark. In Deutschland ist eine „Blokkade" hinsichtlich der Auseinandersetzung mit diesem Thema zu beobachten. Die Niederlande gehen beispielsweise deutlich zielorientierter mit diesem Problem um. Sie mobilisieren zum Beispiel (Forschungs)mittel für Gebiete, auf denen sie mit ihren Vorstellungen Einfluss nehmen können. Sie nutzen die Forschung, um konzeptionelle Vorstellungen zu erarbeiten und weiterzuentwickeln.

Diese Situation ist zum Teil auch eine Frage der „Zuständigkeiten", die in den genannten Ländern anders geregelt – das heißt besser abgestimmt und weniger bürokratisch – ist als in Deutschland. **(2,6)**

- Bei nur kurzfristiger Forschungsförderung – wie beispielsweise im Bereich der Modellierung und Bewertung – ging eine zunächst hervorragende deutsche Reputation schnell verloren. Dabei liegt das Problem vermutlich weniger in der Dauer der Projektförderung als vielmehr in der mangelnden Kommunikation zwischen Anwender und Forscher. **(2,4)**

- Insbesondere im Bereich der ökologischen Risikoabschätzung und Risikobewertung ist Deutschland im internationalen Vergleich deutlich zurückgefallen. In diesem Bereich werden wesentlich mehr Vorhaben benötigt, die die Fragen zielorientiert beantworten. **(2,4)**

- In einzelnen Sektoren ist die internationale Reputation der deutschen ökotoxikologische Forschung durchaus gut. **(2)**

Empfehlung 6:
In der Ökotoxikologie werden sowohl Kontinuität als auch Flexibilität in der Themenbearbeitung benötigt. Auf diese Weise können aktuelle und langfristige Fragestellungen behandelt werden. Eine Möglichkeit, diese Aufgabenbreite wahrzunehmen, ist die Kombination von institutioneller Förderung und Projektförderung.

Detaillierung, Kommentare:

- Eine Form der institutionellen Förderung wird zur Bearbeitung langfristiger Fragestellungen benötigt. Dabei ist es jedoch nicht zwingend erforderlich, dass „institutionell" die Bearbeitung durch die GSF, das UFZ oder ähnliche Einrichtungen bedeutet. Möglich wäre auch die Ad-hoc-Institutionalisierung eines langfristig themenbezogenen Verbundes, für den neue „Köpfe" eingestellt werden können. (Dies wäre zum Beispiel als HGF-Programm realisierbar). **(3)**

- Eine Kombination aus institutioneller Förderung und universitärer Forschung wird als gewinnbringend angesehen. **(3)**

- Grundsätzlich sollte der Förderung (vieler kleiner) universitärer Forschungsgruppen der Vorzug vor einer Erweiterung der institutionellen Förderung gegeben werden. Die Begründung liegt in der Diskrepanz zwischen notwendigem, langfristigem „Know-how-Erhalt durch Köpfe" auf der einen Seite und den benötigten neuen Inhalten und Konzepten auf der anderen Seite. Diese Diskrepanz kann minimiert, jedoch nicht vollständig aufgelöst werden, so dass eine Kombination beider Modelle sinnvoll ist. Die genannten universitären Gruppen sollten sich um Schwerpunktthemen gruppieren und einen Koordinator wählen. **(2,83)**

- Langfristiger Know-how-Erhalt ist notwendig, was einem Plädoyer für Kontinuität in der Forschungsförderung und Themenbearbeitung entspricht. Das BMBF sollte an dieser Stelle die Voraussetzungen schaffen, dass sich universitäre Institute an der institutionellen Forschung beteiligen können. **(2,83)**

- Das BMBF sollte breit angelegte, aktuelle Themen schwerpunktmäßig projektbezogen fördern, nicht jedoch institutionell. **(2,71)**

- Der Gegensatz zwischen institutioneller Förderung und Projektförderung sollte nicht zu sehr strapaziert werden. Eine Kombination zwischen institutioneller Förderung zur Sicherstellung der Kontinuität und Bearbeitung von langfristigen Fragestellungen soll kombiniert werden mit der Beantwortung aktueller Fragen durch die Projektförderung. **(2,43)**

- Ein Managementmodell ist die Anlaufförderung bei neuen Themen. Entwickelt sich dieses Thema zu einer langfristigen Fragestellung, kann die Bearbeitung durch eine der Institutionen übernommen werden. Dann ist jedoch durch geeignete Instrumentarien sicherzustellen, dass der Nutzen der Arbeit erhalten bleibt. **(2,5)**

Empfehlung 7:

Die Qualität der ökotoxikologischen Forschung in Deutschland muss auf Dauer sichergestellt werden. Dazu sind Instrumentarien der Qualitätskontrolle sowie Qualitätskriterien notwendig und Verbesserungen im Qualitätsmanagement und der Projektbegleitung vorzusehen.

Detaillierung, Kommentare:

- Forschungsprojekte sollten straffer nach Meilensteinen strukturiert werden, die ein gutes Steuerungsinstrument zur Qualitätskontrolle, zur Modifizierung der Bearbeitung bis hin zum Projektabbruch darstellen. **(3)**

- Eine Qualitätskontrolle kann durch eine noch konsequentere Durchführung von Statusseminaren als bisher erfolgen (zum Beispiel in zeitlicher Nähe zu SETAC-Tagungen o. ä.). **(2,86)**

- Die Qualität (Effizienz, Problemfokussierung) der gegenwärtigen institutionellen Forschung wird in Frage gestellt. Zur Verbesserung der Situation sind Qualitätskriterien notwendig, welche die Sicherstellung hochwertiger Ergebnisse gewährleisten. Diese sollten bei der Evaluierung der betroffenen Einrichtungen eingesetzt werden **(2,71)**

- Neben der Qualität der Projektbearbeitung steht gleichrangig die Qualität der Projektbegutachtung, ihrer Kontinuität und scharfen Zielausrichtung auf den Förderschwerpunkt. **(2,71)**

- In der Projektförderung ist eine Effizienzsteigerung und bessere Ergebnisfokussierung und -kontrolle durch intensivere Begleitung möglich. Die Einrichtung von Mentoren (siehe auch Empfehlung 3, erfahrene Wissenschaftler als Koordinatoren) wäre wünschenswert, auch wenn sie schwierig ist. (2,57)

- Die Empfehlung für eine verbesserte Kommunikation zwischen Forschungsnehmern der institutionellen und der Programmförderung ist trivial. Ein Bonus für Erfolge auf diesem Gebiet wäre wünschenswert und wirksam, ist jedoch wahrscheinlich aus verwaltungstechnischen Gründen nicht realisierbar. (1,71)

- Die Projektförderung könnte mit der Auflage zur Publikation der Ergebnisse in international hoch angesehenen Zeitschriften (peer-reviewed) verknüpft werden. Dazu könnte ein Teilbetrag der Projektfördersumme (Beispiel: 5–10 %) vom Forschungsgeber bei erfolgreicher Publikation gewährt werden (wie etwa in den Niederlanden). (neu)

Empfehlung 8:
Aufgrund der Erfahrung der Toxikologie wird empfohlen, ein wissenschaftliches Forum zur Positionierung der Ökotoxikologie in der gesellschaftsrelevanten Forschung und zur Erarbeitung von Themenschwerpunkten einzurichten. Zudem ist dieses wissenschaftliche Forum ein Integrationsinstrumentarium zwischen Kontinuität und Aktualität, aber auch ein Instrument zur Qualitätskontrolle.

Detaillierung, Kommentare:

- Kontinuität und Konsistenz können durch ein wissenschaftliches Forum gewährleistet werden. An einem solchen Forum sollten sowohl erfahrene als auch junge Wissenschaftler teilnehmen. (2,5)

- Die Aufgabenstellung dieses wissenschaftlichen Forums ist umfassend für den gesamten Bereich der Ökotoxikologie von der problemfokussierten Erkenntnisorientierung bis zu maßnahmenorientierten Projekten. (2,5)

- Das wissenschaftliche Forum kann als Instrument zur Qualitätskontrolle bei und Nutzung von großen Themenkomplexen dienen. (2,2)

- Grundsätzlich sollte dazu zunächst eine „Bestandsaufnahme" der ökotoxikologischen Forschung in Deutschland generell – das heißt außerhalb des BMBF – erfolgen. Dies kann auch der Findung und Abgrenzung von Themenschwerpunkten dienen. Diese Informationen sollten dann in das wissenschaftliche Forum Eingang finden. (neu)

- Die organisatorische Gestaltung des Forums sollte zwei Ziele verfolgen:
  (a) Vorstellung beantragter und geförderter Projekte und deren Diskussion mit allen Antragstellern und Begleitern des Schwerpunktes; Abstimmung der Vorhabensdurchführung
  (b) Vorstellung und vertiefte Diskussion wichtiger übergreifender Themen der Ökotoxikologie über die geförderten Vorhaben hinaus. (neu)

5.6.2 Zukünftige fachliche Schwerpunkte im Bereich „Ökotoxikologie"

Neue strategische Themen

Zum Abschluss des Workshops wurden zwei Gruppen von Themen diskutiert: zum einen Bereiche mit längerfristiger, strategischer Bedeutung, zum anderen Fragestellungen, die bisher noch nicht genügend bearbeitet wurden. In der folgenden Auflistung sind jeweils Bewertungen der Autoren angefügt.

- Definition von Bezugsgrößen (Standardsetzung) zur Charakterisierung von typischen unbelasteten Standorten und Ökosystemausschnitten sowie zur Beurteilung von stofflichen und physikalischen Belastungen (Ursachen/Wirkung); Schaffung verlässlicher Referenzbezüge.

  Bewertung: Referenzbezüge sind eine wesentliche Grundlage zur Trendabschätzung von Umweltbelastungen und damit Basis für die Einordnung von Managementmaßnahmen.

- Bewertung von Monitoring-Ergebnissen (auch biologisches Monitoring); Darstellung der Bedeutung gemessener Effekte für Organismengemeinschaften und auf Ökosystemebene.

  Bewertung: Um tatsächlich schädliche Auswirkungen auf Ökosystemebene zu erfassen, welche unter dem Nachhaltigkeitsgesichtspunkt zu werten sind, müssen Bewertungsansätze entwickelt werden.

- Integrierte Risikoabschätzung: kombinierte Analyse und Bewertung aller relevanten Expositionspfade und Schutzziele (Umweltmedien: Boden, Oberflächenwasser, Grundwasser, Meeresumwelt; Umwelt und Verbraucher); Möglichkeiten und notwendige Grenzen der Harmonisierung der Risikobewertung in den verschiedenen Regelwerken; Integration über Raum und Zeit (Stoffkreisläufe/Ökosysteme); Bewertungen zwischen Natur- und Sozialwissenschaften; differenzierte Risikokommunikation.

  Bewertung: Verschiedene Integrationen bei der Risikobewertung sind auf WHO-, OECD- und EU-Ebene prioritäre Themen, mit deren Bearbeitung eine sichere und konsistente Aussage zum Risiko erreicht werden soll. Die Bearbeitung des noch wichtigeren Themas der Einbindung des Nutzens in die integrierte Bewertung ist zur Zeit wissenschaftlich noch nicht möglich; dennoch sollte versucht werden, in der Grundlagenforschung Konzepte zu entwickeln.

- Probabilistische Risikoabschätzung: Anpassung der Datenerhebung an stochastische Ergebnistypen; Interpretation der Bedeutung von Wahrscheinlichkeiten.

  Bewertung: Mit Hilfe von Forschungsvorhaben zu dieser Thematik kann nicht nur die Unsicherheit bzw. Präzision ökotoxikologischer Ergebnisse erfasst werden, sondern auch die tatsächliche Variation des Einflusses von Stressoren in verschiedenen Regionen. Somit können Empfindlichkeiten von ökologischen Systemen und damit auch Schutzmaßnahmen lokal oder regional präzisiert werden.

- Ökotoxikologie und Biodiversität.

  Bewertung: Das Thema der genetischen Verarmung spielt zur Zeit eine wesentliche Rolle.

- Ökotoxikologie gentechnischer Produkte: z. B. DNA in der Umwelt, horizontaler Gentransfer (Betrachtung der DNA als „Chemikalie", die unerwünscht von transgenen Nutzpflanzen in andere Organismen eingebracht werden kann).

  Bewertung: Dieser Themenbereich soll einen Beitrag zur objektiveren Behandlung der Gentechnik-Problematik durch zur Chemie analoge wissenschaftliche Bearbeitung leisten.)

Bisher ungenügend bearbeitete Fragestellungen

- Wirkung stofflicher Einträge auf Grundwasserorganismen und deren Bewertung

- Bioverfügbarkeit von partikelgebundenen Fremdstoffen

- Automatisierung und Validierung von Testbatterien für die Boden- und Wasseruntersuchung und Fortentwicklung der entsprechenden Bewertungsansätze

- Marine Risikoabschätzung: Bewertung von Persistenz und Anreicherung in der Nahrungskette; Nachweis von Wirkungen und Abbildung von Langzeitschäden; Auswahl von Leitorganismen

- Terrestrische Risikoabschätzung: Risiken für den Boden Boden-Pflanzen-Systeme durch diffuse und großflächige Stoffeinträge

- Biosensoren für Umweltchemikalien; Weiterentwicklung von Chip-Technologien

- Bewertung von multiplen Belastungen durch kleine Dosen (Zeitskala, Effekte, Mischwirkungen, Wirkmechanismen, Langzeitwirkung kleiner Dosen)

- Critical-load-Konzept übergreifend für alle Umweltmedien und Ökosystemtypen

- Methodenevaluierung von klassischer und molekularer Erfassung der Bodenmesofauna und -flora: Verbesserung der Anwendung und Interpretation von molekularbiologischen Methoden in der Ökotoxikologie; funktionelle Charakterisierung von Biozönosen

- Antibiotika in der Umwelt: Ausbreitung von Resistenzen; Konzept zur Risikoabschätzung von Resistenzen (im Sinne einer Umwelteigenschaft); ökologische Auswirkungen insbesondere auf die mikrobielle Ökologie

- Stoffgruppen von erheblicher Relevanz für Verbraucher- und Umweltschutz, z. B. Kosmetika, technische Zusatzstoffgemische

- Prospektive Bewertung von Verhalten, Bioverfügbarkeit und Persistenz von Problemstoffen bei Landnutzungs- und Klimaänderungen

- Natürlicher Abbau persistenter Fremdstoffe: Modelle und Wirklichkeit.

6   Abschließende Beurteilung

6.1   Erfüllung der Zielsetzung

Die Fallstudien, die Projektnehmer-Befragungen und die systematischen Daten-bankanalysen zeigten, dass in wissenschaftlicher Hinsicht weitgehend die Aufga-benstellungen der Vorhaben bearbeitet und solide fachliche Ergebnisse erzielt wur-den. Die Gespräche mit Vertretern der Zielgruppen der Behörden und der Wirt-schaft ergaben jedoch eine weniger positive Einschätzung der Nutzung der Ergeb-nisse für die praktische Umsetzung zur Lösung aktueller Fragen oder im Gesetzes-vollzug. Offenbar waren die – vielleicht teilweise überhöhten – Erwartungen der Zielgruppen den Projektnehmern nicht bewusst. Dies führte zu häufiger angespro-chenen Lücken in der Ergebniserarbeitung, so dass sich hier auch ein Verbesse-rungsbedarf in der Projektbegleitung zeigt. Stand bei den Projektnehmern Anfang der 90er Jahre noch die wissenschaftliche Nutzung der Ergebnisse oder allenfalls ihre Verwendung zur Vorbereitung von Gesetzen im Vordergrund, sind in jüngerer Zeit die Nutzer wie etwas das UBA, die vor allem an der unmittelbaren Umsetzbar-keit, z. B. im Gesetzesvollzug, interessiert sind, zunehmend – aber nach Ansicht der Zielgruppen-Vertreter noch nicht ausreichend – in die Projektvorbereitung einge-bunden.

Des Weiteren ist zu beachten, dass sich im Laufe der Zeit im BMBF die Aufgaben-ziele innerhalb der Projektförderung geändert haben. Einige Projektverbünde haben jedoch durch Initiativen der Projektnehmer nicht nur zielorientierte Ergebnisse mit entsprechender Darstellung erreicht, sondern darüber hinaus eine direkte Anwen-dung durch Nutzer gefunden (z. B. Fisch-Life-cycle-Test), insbesondere im natio-nalen Bereich.

6.2   Wertung der Ergebnisse

Aufgrund der Vielzahl der in den 104 Projekten untersuchten Fragestellungen, von denen jede eine spezifische Bedeutung hatte, ist eine objektive, vergleichende Wertung oder gar eine Auswahl besonders erfolgreicher Projekte nicht möglich. Es würde dem Rest der Projekte nicht gerecht, wenn hier diejenigen hervorgehoben würden, deren Ergebnisse zum Beispiel im Gesetzesvollzug unmittelbar genutzt werden, denn die Projektziele hatten unterschiedlichen Anwendungscharakter. Fer-ner gab es Projektergebnisse, die aufgrund politischer Entwicklungen, nicht aber aufgrund der Qualität der Ergebnisse nicht zur Anwendung gekommen sind.

Aus der Sicht des forschenden Wissenschaftlers bedeuten neue Daten für sein Forschungsobjekt bereits einen Erfolg, was nicht zwangsläufig auch außerhalb der engsten Scientific Community gilt. Hierdurch ist grundlegend ein Konflikt zwischen Zielgruppe und Bearbeiter gegeben, sofern die Projektplanung und -durchführung nicht in einem gemeinsamen Top-down-Prozess erfolgt. Dieses Dilemma besteht auch für Gutachter, die ihre persönlichen, wissenschaftlichen Präferenzen haben. Selbst für die Zielgruppe Wissenschaft gilt das Argument der Benutzung von Forschungsergebnissen durch andere (citation index). Hier hat ganz eindeutig die ökotoxikologische Forschung in Deutschland im betrachteten Zeitraum nur wenige Meilensteine gesetzt.

Eine Wertung der Ergebnisse insgesamt für die hier analysierten Projekte erfordert auch Kritik hinsichtlich der Publikationstätigkeit. Es ist einerseits schwer verständlich, dass bei den geförderten Projekten offensichtlich teilweise keine Publikationen vorgesehen waren. Andererseits gibt es aber nur wenige referierte Zeitschriften in deutscher Sprache für ökotoxikologische Originalarbeiten, so dass der größere Anteil an Veröffentlichungen in Deutschland in „grauer" Literatur zu finden sein dürfte.

6.3   Nutzen für die Zielgruppen

Für die Zielgruppe Wissenschaft ergibt sich der Nutzen aus den Kriterien der wissenschaftlichen Forschungsbewertung (Impact-Faktor der Zeitschriften, in denen veröffentlicht wurde) und der fachlichen Anerkennung der Forschungsnehmer in ihrem Bereich innerhalb der Scientific Community. Diese Kriterien reflektieren auch die wissenschaftlichen Ansprüche der Projektbegutachter und -begleiter, die auch eine Limitierung darstellen können, und die unterschiedliche Qualität der durchführenden Arbeitsgruppen. Im engeren Bereich der Ökotoxikologie haben die spezifischen Zeitschriften einen relativ niedrigen Impact-Faktor, der jedoch nicht die Qualität der publizierten Arbeiten reflektiert, so dass ökotoxikologische Arbeiten auch in verwandten Zeitschriften mit höherem Impact-Faktor veröffentlicht werden. Hieraus ist zu schließen, dass der Impact-Faktor für die Qualität von Originalveröffentlichungen in der Ökotoxikologie kein geeignetes Beurteilungskriterium ist.

Nach dem Ergebnis der Zielgruppenbefragung nutzt die Industrie die Ergebnisse als allgemeine Literatur- und Hintergrundinformation, was nicht bedeutet, dass einige Projekte nicht auch zu aktuellen Fragestellungen der Chemischen und Pflanzenschutzindustrie, identisch mit den Fragestellungen der Behörden, bearbeitet wurden. Da die Schutzziele der Ökotoxikologie seitens der Industrie nicht proaktiv mitgetragen werden – von einigen Experten abgesehen –, sondern für die Industrie ökotoxikologische Untersuchungen im Wesentlichen eine wirtschaftliche Belastung bedeuten, besteht zwangsläufig ein Konflikt. Es ist einleuchtend, dass Forderungen nach zusätzlichen Untersuchungen und Prüfungen, ohne dass ein Nutzen für die Gesellschaft festgelegt werden kann, auf Widerstand in der Industrie trifft. Wenige Beispiele von Forschungsergebnissen bzw. Prüfmethoden der jüngsten Zeit, in denen eindeutig der Nutzen für die Stoffbewertung gezeigt werden konnte, sind auch von der Industrie akzeptiert.

Da Behörden erst in jüngerer Zeit wieder in die Planung eingebunden wurden, sind die Ergebnisse zeitlich etwas zurückliegender Projekte (etwa Anfang der 80er bis Anfang der 90er Jahre) vorwiegend als Hintergrundinformation, jedoch selten als unmittelbare Grundlage für nachfolgende Ressortforschung genutzt worden. Für die Behörden als Zielgruppe gilt insbesondere für die im gleichen Zeitraum durchgeführten Projekte, dass eine mangelhafte Kommunikation zwischen Wissenschaft und Behörden im Hinblick auf die Forscherziele und den Bedarf der Zielgruppe eine der Ursachen für eine fehlende Nutzung ist.

Bei Beginn der ökotoxikologischen Forschung in den 70er Jahren wurde eine Reihe von Projektverbünden unmittelbar durch die entsprechenden Behörden initiiert, die teilweise auch in eigenen Forschungseinrichtungen Projekte realisiert haben, so dass hier eine unmittelbare Nutzung gewährleistet war.

6.4   Unterstützung der Projektnehmer und der Umsetzung durch das BMBF

Die Projektnehmer haben durchweg die Unterstützung durch das BMBF – insbesondere während der Laufzeit – als positiv bewertet. Es ist verständlich, dass häufig kritisiert wurde, dass Folgeprojekte nicht finanziert wurden. Die Finanzierung von Folgeprojekten ist jedoch Gegenstand der Prioritätensetzung des BMBF.

Im hier behandelten Projektbereich der Ökotoxikologie setzte die BMBF-Förderung die Umsetzung der Ergebnisse von Forschungsvorhaben nicht als vorrangiges Ziel. Wenn dieser Bereich auch nicht klassische angewandte Forschung beinhaltet, wäre es doch wünschenswert, die Umsetzung der Ergebnisse von Forschungsvorhaben bei den verschiedenen Zielgruppen voranzutreiben. Aufgrund der Struktur der meisten Projekte ist dies durch das BMBF selbst wohl kaum möglich, so dass hierzu ein spezielles Projektsystem entwickelt oder die Aufgabe an Institutionen (zum Beispiel GSF oder UFZ) gegeben werden sollte. Bei den geringen Kosten im Vergleich zu den Projektkosten sollte das Umsetzungsthema Priorität im BMBF haben.

6.5   Projekte von 1970 bis 1990

Zeitlich entsprechend nach der Verabschiedung des Chemikaliengesetzes und der Diskussion über die Chemikalienprüfung in der OECD wurde wenige Jahre nach Einführung des Begriffes „Ökotoxikologie" der Förderschwerpunkt „Methoden zur ökotoxikologischen Bewertung von Chemikalien" eingerichtet, unmittelbar gefolgt von dem Förderschwerpunkt „Auffindung von Indikatoren zur prospektiven Bewertung der Belastbarkeit von Ökosystemen". In beiden Förderschwerpunkten wurden insgesamt 72 Vorhaben gefördert.

In dem ersten Schwerpunkt zu Methoden wurden sowohl orientiert an der humantoxikologischen Denkweise, aber auch bereits mit ökologisch relevanten Ansätzen wissenschaftlich interessante und prinzipiell auf die Stoffprüfung zielgerichtete Vorhaben durchgeführt. Obwohl der Schwerpunkt auf dem aquatischen Bereich lag, wurden bereits Vorhaben zur Wirkung von Stoffen im Boden und im terrestrischen Bereich allgemein gefördert. Erst heute – auch nach weiteren Förderschwerpunkten des BMBF im Bodenschutz – werden Prüfungen, welche den Anforderungen gerecht werden, verfügbar. Es ist deshalb besonders bedauerlich, dass die frühzeitigen Ansätze nicht mit Kontinuität weiterverfolgt wurden. Die Ausrichtung der Vorhaben auf die Stoffprüfung und die konstante Betreuung unter dieser Zielrichtung führte in einigen Projekten sogar zu Entwürfen für OECD-Prüfrichtlinien, zum Beispiel für einen Pflanzenzelltest. Dass keines dieser Projekte direkt zu häufig angewandten Prüfungen führte, liegt nicht an Projektgestaltung und –durchführung, sondern daran, dass auf politischer Ebene der Mehrwert in der Prüfung im Vergleich zu den zusätzlichen Kosten als gering eingeschätzt wurde. Besonders die ökologisch orientierten Vorhaben in der Aquatik waren in ihrer Fragestellung zu eng, zum Beispiel Algen-Multispeziestest, um in den Prüfkatalog aufgenommen zu werden. Bei Abschluss der Vorhaben war darüber hinaus die Situation im Umfeld (Bewertungsschwierigkeiten mit vorhandenen Tests, Umfang und Kosten der Stoffprüfung) derart, dass zusätzliche Prüfungen grundsätzlich nur noch für die höheren Stufen gefragt waren. Diese waren jedoch nicht Ziel des Förderschwerpunktes. Ferner hatte eine eventuelle Umsetzung mittels spezifischer Projekte seitens des BMBF keine Priorität, und der Förderschwerpunkt wurde insgesamt lediglich in einer Dissertation ausgewertet. Dennoch bildete ein großer Teil der durchgeführten Projekte den wissenschaftlichen Hintergrund für spätere Entwicklungen und Bewertungen.

Zum Beginn der Ökotoxikologieforschung hatte dieser Förderschwerpunkt auch das Ziel des „Capacity Building", welches in vollem Umfang erreicht wurde. Die meisten der damals geförderten Arbeitsgruppen sind mit modifizierter Aufgabenstellung im weiteren Sinne auch heute noch tätig.

Das sehr anspruchsvolle „Indikatorenprojekt" war fokussiert auf das Auffinden von Untersuchungsgrößen, welche für die Erfassung von Eingriffen in Ökosysteme und für die Wirkungen von Stoffen auf Funktion und Struktur dieser Systeme repräsentativ sein sollten. Der Schwerpunkt lag nicht bei der Suche nach Stellvertreterorganismen oder Stellvertreterparametern, sondern in der Suche nach besonders geeigneten Systemtypen, Sukzessionsstadien, zum Teil auch Summenparametern, als Indikatoren für eine Belastung. Die Einzelprojekte waren relativ umfangreich und hatten weitgehend Ökosystemforschungscharakter mit dem Ziel, Aufschluss über die Leistung verschiedener Arten in der Lebensgemeinschaft zu geben. Der sehr sorgfältig ausgearbeitete ökologische Ansatz der geförderten Vorhaben ist nach wie vor beispielhaft für eine umfassende ökologische Betrachtungsweise. Die Ergebnisse der Projekte haben hohen Erkenntnisgewinn in der Ökologie gebracht. Unter dem Gesichtspunkt, Indikatoren aufzufinden, war der Förderschwerpunkt nicht erfolgreich. Aus heutiger Sicht sind Indikatoren und auch Biomarker für die Praxis der Bewertung des Risikos von Stoffen nicht generell geeignet, da eine sehr große Zahl von Indikatoren und Markern notwendig wäre, um generell zu relevanten Bewertungen zu kommen.

6.6   Problematik der Ökotoxikologieforschung in Deutschland

Wenn die ökotoxikologische Forschung in Deutschland weder in der Wissenschaft noch in der Anwendung den Einfluss hat, der dem Aufwand (finanziell und intellektuell) entspricht, andererseits die Arbeitsgruppen, welche die Projekte durchgeführt haben, gute Wissenschaftler sind, stellt sich die Frage nach der Ursache.

In den hier im Vergleich zu Deutschland betrachteten Ländern waren Biologie und umweltbezogene Chemie die Ausgangspunkte der Ökotoxikologie, was nicht auf die USA und Japan zutrifft, wo die Ökotoxikologie sehr eng definiert ist. Aufgrund des Selbstverständnisses der biologischen und auch der umweltchemischen Forschung in Deutschland ist die Wertung der eigenen Forschungsthemen im Sinne eines angestrebten Perfektionismus und über das notwendige Maß hinausgehenden Tiefgangs höher, als sie einer von der Problemstellung her entwickelten Bedeutung entspricht. Dies hat zur Folge, dass die ökotoxikologische Forschung sehr fragmentiert und nicht ausreichend von den breiteren Zielen her gesteuert ist. Obwohl das Selbstverständnis der beteiligten Wissenschaftler schwer zu beeinflussen sein wird, könnte eine Netzwerkbildung mit Zielvorgaben eine gewisse Verbesserung bewirken.

7 Empfehlungen

Trotz erheblicher Forschungsanstrengungen hat die Ökotoxikologieforschung in Deutschland nicht die Bedeutung, welche der relevanten Industrie und auch der Wahrnehmung der Thematik in der Gesellschaft gerecht wird. Hier wird eine bedeutende Rolle des BMBF darin gesehen, zusätzlich zur ökotoxikologischen Ressortforschung und zur Förderung von Einzelvorhaben sowie zu zeitweisen Schwerpunkten der DFG eine Initiative zu ergreifen, um diese Diskrepanz aufzulösen. Dies kann durch mehrere Maßnahmen erfolgen:

(1) Optimierung der fachlich-inhaltlichen Positionierung der BMBF-Forschungsförderung

Die BMBF-Forschungsförderung positioniert sich zwischen der Förderung durch die DFG und der Ressortforschung durch umfangreiche inter- oder transdisziplinäre Vorhaben mit Fragestellungen von Querschnittscharakter. Spezifisch auf die Ökotoxikologie bezogen ist dazu eine Einordnung der Ökotoxikologie in die Ökosystemforschung notwendig, u. a. zur Definition von Bezugsgrößen, die zum Beispiel für Ursache-Wirkungs-Beziehungen und zur Interpretation der Bedeutung von Auslenkungen von Soll-Zuständen herangezogen werden können. Diese Auslenkungen bedürfen der Bewertung zum Schutz der Umwelt als solcher einschließlich des Ressourcenschutzes, aber gleichzeitig auch der Bewertung für Gesundheit und Wohlbefinden der Bevölkerung. Der Anspruch der Ökotoxikologie als „Ökosystem-Toxikologie" macht es deshalb erforderlich, die Ökotoxikologie als Teilbereich der Ökosystemforschung zu begreifen. Daneben kann die Ökotoxikologie aber auch immer nur „systemspezifisch" sein, d. h. sich beispielsweise auf aquatische oder terrestrische, natürliche oder anthropogene Systeme beziehen.

Ein ganz wesentlicher Bedarf der BMBF-Forschungsförderung ergibt sich durch den Querschnittscharakter ökotoxikologischer Fragestellungen, wenn sie auf gesellschaftlich relevanter Ebene bearbeitet werden sollen. In Kapitel 5.6.2 sind Fragestellungen aufgelistet, die unter Beteiligung verschiedener naturwissenschaftlicher und ingenieurwissenschaftlicher Disziplinen mit wichtigen ethischen Problemen integriert zu bearbeiten sind, was bei gleichzeitig notwendiger Fokussierung auf spezifische Fragestellungen ein beträchtlicher Anspruch ist. Mit der Bearbeitung wird ein wichtiger Beitrag zur Verbesserung der Lebensqualität geleistet.

(2) Verbesserung der internationalen Positionierung durch Nutzung der Forschungsförderung als politisches Instrumentarium

Beim Versuch einer Wertung der internationalen Positionierung der Ergebnisse der Forschungsförderung in Deutschland zeigt sich ein heterogenes Bild, das durch zum Teil kontroverse Wahrnehmungen und Erfahrungen geprägt ist. Führende Länder – beispielsweise bei der Risikoabschätzung – sind in Europa vor allem die Niederlande, Großbritannien und Dänemark. Deren erfolgreiche internationale Positionierung wird darauf zurückgeführt, dass diese Länder im Vergleich zu Deutschland – nicht nur in der Ressortforschung – deutlich zielorientierter vorgehen. Sie mobilisieren zum Beispiel (Forschungs)mittel für Gebiete, auf denen sie mit ihren Vorstellungen – bei der EU-Gesetzgebung, der UNEP, der OECD etc. – Einfluss nehmen möchten und können. Sie nutzen die Forschung als politisches Instrumentarium, um konzeptionelle Vorstellungen international einzubringen und weiterzuentwickeln. Diese Situation ist jedoch zum Teil auch eine Frage der Zuständigkeiten, die in den genannten Ländern anders geregelt ist als in Deutschland.

Der relativ geringe Erfolg Deutschlands in der Ökotoxikologie im Vergleich zu anderen Themenfeldern beruht nicht auf fehlenden eigenen wissenschaftlichen Forschungsergebnissen und wissenschaftlicher Expertise, sondern eher auf der unzureichenden Präsentation des Gebietes in der Öffentlichkeit durch die Wissenschaft und daraus resultierender geringer Wahrnehmung durch die Politik. Um dieses Dilemma aufzulösen, wird die Einrichtung eines Forums (siehe Empfehlung 8) beim BMBF oder eventuell bei der DFG empfohlen.

(3) Verknüpfung themenorientierter Grundlagenforschung mit anwendungsorientierter Forschung

Die Empfehlung, dass ökotoxikologische Forschung zielgruppenorientiert sein sollte, gilt nur für einen Teil dieser Forschung (beispielsweise Methodenentwicklung und übergeordnete Bewertung), nicht aber für ihre Gesamtheit. Es sollte eine Ausgewogenheit zwischen den beiden Bereichen angestrebt werden, da ohne gute Grundlagenforschung (d. h. erkenntnisorientierte Forschung) keine attraktive anwendungsorientierte Forschung in der Ökotoxikologie möglich ist. Als „Klammer" zwischen den beiden genannten Bereichen kann die gemeinsame Fokussierung auf zentrale (ausgewählte) Themen respektive Problemfelder angesehen werden; eine „themenfreie" Grundlagenforschung wird nicht als zu den Zielen beitragend angesehen. Durch die Förderung der themenbezogenen Grundlagenforschung einerseits, die so ausgerichtet sein muss, dass sie die Grundlage für weitergehende, den Bedarf von Zielgruppen erfüllende Forschung leistet, und angewandter Forschung zu umfangreicheren Fragestellungen andererseits erhält das BMBF eine bedeutende Stellung in der Förderlandschaft. Wenn diese Bedingungen bei der Konzeption von Schwerpunkten erfüllt sind, ergibt sich nicht mehr die Frage nach mehr oder weniger Grundlagen- oder angewandter Forschung, sondern ein Ineinandergreifen der beiden Ansätze.

(4) Verknüpfung von Kontinuität und Flexibilität in der Bearbeitung ökotoxikologischer Themen durch Kombination von institutioneller Förderung und Projektförderung

Eine ausgewogene Kombination aus institutioneller Förderung und projektbezogener universitärer und außeruniversitärer Forschungsförderung wird als gewinnbringend angesehen. Um die notwendige Ausgewogenheit zu erzielen, wird vorgeschlagen, zunächst der Förderung universitärer Forschungsgruppen den Vorzug vor einer zusätzlichen Erweiterung der bereits gut etablierten institutionellen Förderung zu geben. Letztgenannte wird insbesondere zur Bearbeitung langfristiger Fragestellungen benötigt. Dabei ist es jedoch nicht zwingend erforderlich, dass „institutionell" die Bearbeitung ausschließlich durch die Großforschungseinrichtungen (HGF) bedeutet. Möglich wäre auch die Ad-hoc-Institutionalisierung eines längerfristigen Themenverbundes, in den neue „Köpfe" einbezogen werden können. Dies wäre zum Beispiel innerhalb der HGF als Programm mit Beteiligung Externer realisierbar. Es würde jedoch bedeuten, dass Ökotoxikologie ein Programmschwerpunkt der HGF würde.

Grundsätzlich kann die Diskrepanz zwischen notwendigem, langfristigem „Know-how-Erhalt durch Köpfe" auf der einen Seite und den benötigten neuen Inhalten und Konzepten auf der anderen Seite nur minimiert, jedoch nicht vollständig aufgelöst werden. Die Minimierung könnte durch optimale Kombination beider Modelle erzielt werden.

(5) Strukturierung von Projekten und Fragestellungen zum Erreichen der erwarteten Ergebnisse

Die Aussage, dass die Ergebnisse ökotoxikologischer Forschung abhängig von der Fragestellung mehr oder weniger scharf umrissen sind, mag trivial erscheinen. Innerhalb des Komplexes „Erkenntnisorientierung/Zielorientierung" spielt die Struktur der Fragestellung jedoch eine wesentliche Rolle. Die bisherige Vermengung führte dazu, dass die Forschungsergebnisse – zum Beispiel auf dem Gebiet der ökotoxikologischen Wirkungsforschung und Risikoabschätzung – letztlich mit Wahrscheinlichkeitsaussagen bzw. Unsicherheiten verbunden sind, die sich häufig nicht im mathematischen Sinn präzisieren lassen. Zur beispielhaften Aufarbeitung dieses Sachverhaltes könnten in den Ökosystemforschungszentren geeignete Arbeiten durchgeführt werden.

Des Weiteren könnte die bei den Ergebnissen jeweils zu erwartende Unschärfe oder Unsicherheit ein Systematisierungskriterium für Projekttypen (Projektstrukturen) sein („Bei welcher Fragestellung ist mit welcher Unschärfe zu rechnen und welche Projektstruktur ist dann angemessen?"). Unter Unschärfe ist hier weder die analytische Fehlerbreite noch die reale Variation in ökotoxikologischen Antworten (Raum/Zeit) zu verstehen, welche wissenschaftliche Fragestellungen eigener Art darstellen. Analytische Fehler und die

Vollständigkeit der Parameterbeschreibung sind Gegenstand von Qualitätssicherung und Kontrolle. Die reale Variation in der Umwelt ist optimal
interpretierbar und bewertbar, wenn sie stochastisch bearbeitet wird. Die ver-
bleibende Unsicherheit – ökologische Auswirkungen von Stressoren sind ähnlich wie in der Toxikologie kaum bis zum möglichen höchsten Informations-
gehalt zu bearbeiten – ist die hier angesprochene Unschärfe. In der Risikobewertung wird für diesen Tatbestand der Begriff „Umgang mit Unsicherheiten" benutzt. Hier wird weiterer Bedarf für eine Klärung durch eine Feasi-
bility-Studie mit Handlungsanleitung gesehen.

**(6) Steuerung und Ergebnistransfer bei anwendungs- und zielgruppen-
orientierten Projekten**

In seiner projektfinanzierten Forschungsförderung sollte das BMBF neben
themenorientierter Grundlagenforschung auch, jedoch nicht ausschließlich,
anwendungs- und zielgruppenorientierte Projekte fördern, die auf die Bedürfnisse der späteren Nutzer im Voraus abgestimmt sind. Um die gewünschte
Effizienz der Umsetzung bei den Zielgruppen zu erreichen, ist es notwendig,
dass die entsprechenden Zielvorgaben durch die Anwender mit definiert werden. Ein wichtiges Element der Steuerungsfunktion ist die Beteiligung der
Nutzer bereits an der Begutachtung und in den entsprechenden Projektbeiräten. Sofern Behörden die Zielgruppe darstellen, wird die Schnittstelle zur
Ressortforschung als wünschenswert angesehen: Im Idealfall folgt die Ressortforschung nahtlos den BMBF-geförderten Projekten.

Eine zusätzliche Optimierung der Bearbeitungseffizienz mit anschließendem
Transfer umsetzungsrelevanter Ergebnisse kann durch eine Modifizierung der
Stellung (Rechte und Pflichten) und Aufgaben von Koordinatoren respektive
Projektleitern erzielt werden. Projektbeiräte sind – wenn überhaupt vorhanden
– üblicherweise in den Ergebnistransfer nicht mehr einbezogen. Um eine
intensivere Hilfestellung in der Projektsteuerung und auch für die Aktivitäten
nach Abschluss eines Projektes zu geben, wurde diskutiert, die Position eines
Projekt-Mentors (möglichst Mitglied des Beirates) einzurichten, der das Projekt intensiv begleitet und dadurch auch Mittler zwischen Projektnehmer und
Beirat sein kann. Ein wesentliches Element für eine gelungene Umsetzung ist
der Dialog zwischen Scientific Community und Anwender respektive zwischen Forschung und Entscheidungsträgern in Beratungs- und Entscheidungs-
gremien.

**(7) Instrumentarien zur Sicherstellung der Qualität ökotoxikologischer
Forschung in Deutschland**

Zur dauerhaften Sicherstellung der Qualität ökotoxikologischer Forschung
sind Instrumentarien der Qualitätskontrolle sowie Qualitätskriterien notwendig. Verbesserungen im Qualitätsmanagement und der Projektbegleitung sind
vorzusehen. So sollten beispielsweise Forschungsprojekte noch straffer als

bisher nach Meilensteinen strukturiert werden, die ein gutes Steuerungsinstrument zur Qualitätskontrolle, zur Modifizierung der Bearbeitung bis hin zu einem möglichen Projektabbruch darstellen.

Zur Verbesserung der Qualität (Effizienz, Problemfokussierung) der gegenwärtigen institutionellen Forschung sind die gleichen Qualitätskriterien anzuwenden, welche die Sicherstellung hochwertiger Ergebnisse gewährleisten. Diese sollten bei der Evaluierung der betroffenen Einrichtungen und in der programmorientierten Förderung eingesetzt werden.

Neben der Qualität der Projektbearbeitung steht gleichrangig die Qualität der Projektbegutachtung, der Projektbegleitung, ihrer Kontinuität und scharfen Zielausrichtung auf den Förderschwerpunkt. Bisher sind Kriterien für die Qualität der Projektbegutachtung und auch für die über wissenschaftliche Details hinausgehende Verantwortlichkeit der Gutachter eher vernachlässigt worden.

In der Projektförderung ist eine Effizienzsteigerung und bessere Ergebnisfokussierung und -kontrolle durch intensivere Begleitung möglich. Mentoren könnten durch ihre Stellung zwischen Projektnehmer und Gutachter hierbei die Kontinuität sicherstellen, auch wenn dies schwierig umzusetzen ist.

(8) Wissenschaftliches Forum zur Positionierung der Ökotoxikologieforschung in der Gesellschaft und Erarbeitung von Themenschwerpunkten

Aufgrund der Erfahrungen der Toxikologie wird empfohlen, ein wissenschaftliches Forum zur Positionierung der Ökotoxikologieforschung in Gesellschaft und Politik sowie zur Erarbeitung von Forschungs- und Themenschwerpunkten einzurichten. Zudem soll dieses wissenschaftliche Forum als ein Integrationsinstrumentarium zwischen Kontinuität und Aktualität, aber auch als ein Instrument zur Qualitätskontrolle dienen.

Die organisatorische Gestaltung des Forums sollte vorrangig zwei Ziele verfolgen:

(a) Vorstellung beantragter und geförderter Projekte und deren Diskussion mit allen Antragstellern und Begleitern des Schwerpunktes, aber auch mit den betroffenen gesellschaftlichen Gruppen; Abstimmung der Vorhabensdurchführung

(b) Vorstellung und vertiefte Diskussion wichtiger übergreifender Themen der Ökotoxikologie über die geförderten Vorhaben hinaus zur systematischen, zusammenhanggesteuerten Planung von Förderschwerpunkten und Verbünden.

Das Forum sollte sich aus erfahrenen und jüngeren Wissenschaftlern auf dem Gebiet der Ökotoxikologie zusammensetzen und zu seinen etwa jährlich stattfindenden Workshops auch Zielgruppenvertreter einladen.

Anhang

A.1 Zuordnung der Projekte zu Projektfamilien zur Auswahl von Fallbeispielen

Projektfamilie 1: Grundlegende Mechanismen und Prozesse

FKZ	Projekttitel	Prio.	Begründung
0339190B/1; 0339190C; 0339190E/0; 0339190F/2	Verbundvorhaben: Untersuchungen zur Wirkung von Automobilabgasen auf Pflanzen	1	*Der genannte Vorhabensverbund ist repräsentativ für die betrachtete Projektfamilie. Es werden Aspekte der Waldschadensforschung bearbeitet, wobei es sich (zur Zeit der Projektförderung) um eine Thematik mit aktueller Fragestellung öffentlichen Interesses handelt(e). Die Thematik Waldschadensforschung wurde zwar vornehmlich nicht im Förderschwerpunkt „Ökotoxikologie" behandelt, jedoch ist so der Verbund ein typischer Vertreter für eine Projektförderung an der Schnittstelle zwischen zwei Förderschwerpunkten.* Der Gesamtverbund bestand aus insgesamt 8 Projekten, wobei 4 durch das Umweltbundesamt gefördert wurden. Bei der Befragung der durch das BMBF geförderten Projektnehmer wird von daher auf den Know-how-Transfer zum BMU/UBA und die daraus folgende Anwendung ein besonderer Schwerpunkt gelegt.
0339302A; 0339302B/4; 0339302C später D; 0339302D ehemals C	Verbundvorhaben: Übertragbarkeit und Präzisierung der Wirkungsmechanismen chemischer Belastung in verschiedenen Ökosystemen.	2	Auch dieses Verbundvorhaben befasst sich – ähnlich wie der mit Priorität 1 eingestufte Verbund – mit Fragestellungen aus der Waldschadensforschung, wobei die Folgen chronischer Belastung durch Chemikalien betrachtet werden. Hierbei wurde explizit Bezug genommen zum Förderprogramm <u>vor</u> 1989. Aufgrund des weit zurückliegenden Förderzeitraums wird der o. g. Projektverbund und nicht dieser mit Priorität 1 eingestuft.
0339132A	Auswirkungen luftgetragener Schadstoffe auf Boden und Vegetation von Grünlandökosystemen	3	Das Vorhaben ist inhaltlich ähnlich zum ausgewählten Verbund mit Priorität 1, so dass bei Befragung des Forschungsnehmers keine Zusatzinformation im Sinne der Projektbearbeitung zu erwarten war.
07OTX07/3	Quantifizierung solarer UV-B-Wirkungen in Expositionsversuchen mit Pflanzen	4	Die Fragestellung zum Einfluss von UV-B-Strahlung auf die Vitalität von Pflanzen ist eine spezielle, die insofern den Förderschwerpunkt „Ökotoxikologie" nur tangiert, als die Züchtung resistenter Pflanzen – unter Nutzung moderner Methoden aus der Pflanzenbiotechnologie – im Vordergrund steht.

Projektfamilie 2: Allgemeine Bewertungskonzepte

FKZ	Projekttitel	Prio.	Begründung
07OTX21/4; 07OTX21A/4 07OTX22/5 07OTX22A/5 07OTX23/6 07OTX23A/6 07OTX24/7 07OTX24A/7 07OTX25/8 07OTX25A/8 07OTX26/9 07OTX27/0 07OTX28/0	Validierung und Einsatz biologischer, chemischer und mathematischer Tests zur Bewertung der Belastung kleiner Fließgewässer (VALIMAR)	1	*Beim VALIMAR-Vorhaben handelt es sich um eines der größten Verbundvorhaben des Förderschwerpunktes Ökotoxikologie. Es werden Ansätze zur Testvalidierung, zur Indikatorentwicklung (Beispiel: Ersatz/Ergänzung des Saprobienindexes) und damit zur ökologischen Bewertung von Gewässern erarbeitet. Damit ist weiterhin eine Verknüpfung zur EU-Wasserrahmenrichtlinie geschaffen.* Von der Befragung der Projektnehmer (Verbundkoordinator) werden umfassende Aussagen erwartet.
0339069A; 0339069B; 0339069C; 0339069D; 0339069F9	Verbundforschung Fallstudie Harz: Schadstoffbelastung, Reaktion der Ökosphäre und Wasserqualität.	2	Dieses Verbundvorhaben bearbeitet eine komplexe Fragestellung und ist darüber hinaus bezogen auf eine bestimmte Region. Damit ist dieses Vorhaben typisch für die Forschungsförderung des Schwerpunktes „Ökotoxikologie". Anmerkung: Sollte die Befragung von Projektnehmern eines Projektes aus einer anderen Projektfamilie nicht durchgeführt werden, wäre dieses Vorhaben ein Ersatzkandidat.
0339200D/0; 07OTX01/8 (Folgeprojekt)	Auswirkungen von Fremdstoffen auf die Struktur und Dynamik von aquatischen Lebensgemeinschaften im Labor und Freiland	3	*Das Vorhaben bearbeitet die typische Fragestellung der Extrapolation Labor – Modellökosystem – Freiland.* Anmerkung: Sollte die Befragung von Projektnehmern eines Projektes aus einer anderen Projektfamilie nicht durchgeführt werden, wäre dieses Vorhaben ein Ersatzkandidat.
0339321A/7 OTX02/9 (botanischer Teil)	Auswirkungen von Chemikalien auf terrestrische Ökosysteme unterschiedlichen Stabilitätstyps	3	Siehe aquatischer Teil
07OTX09/5	Simulationsmodelle zur Extrapolation biozönotischer Effekte beim Einsatz von Pflanzenschutzmitteln in aquatischen Systemen	4	Bei diesem Forschungsvorhaben handelt es sich um eine spezielle Fragestellung, die typisch für die Forschungsförderung zu Beginn der 90er Jahre ist. Diesem Vorhaben wurde eine niedrige Priorität hinsichtlich der Projektnehmerbefragung allein deshalb zugeordnet, weil es zu erwarten ist, dass die Befragung der Bearbeiter der Verbundvorhaben die erwarteten Aussagen liefern werden.
0339286A/3	Mathematische Modelle zur Charakterisierung der ökologischen Stabilität	5	Bei diesem Vorhaben handelt es sich um ein reines „Ökologie-Vorhaben" (klassische theoretische Ökologie) mit Erarbeitung von Grundlagen zur Populationsdynamik, jedoch ohne Chemikalienbezug. Aufgrund der geringen Anwendungsorientierung wird dem Vorhaben keine hohe Priorität bei der fallbezogenen Befragung zugeordnet.

Projektfamilie 3: Methoden/Methodenentwicklung

(a) aquatisch

FKZ	Projekttitel	Prio.	Begründung
02WU9549/7 02WU9550/3 02WU9551/6 02WU9552/9 02WU9553/1 02WU9554/4 02WU9555/7 02WU9556/0 02WU9557/2 02WU9558/5 02WU9559/8 02WU9560/4 02WU9561/7 02WU9562/0 02WU9563/2	Verbundvorhaben: Erprobung, Weiterentwicklung und Beurteilung von Gentoxizitätstests für Oberflächengewässer	1	Dieses hoch komplexe Verbundvorhaben entwickelt bzw. adaptiert Testmethoden zur Analyse des Zustandes von Oberflächengewässern. Dabei wird auf die suborganismische und subzelluläre Ebene zurückgegriffen, nicht zuletzt vor dem Hintergrund des Tierschutzes. Durch diese Zielsetzung erfolgt eine sehr enge Anlehnung an das Förderprogramm des Schwerpunktes „Ökotoxikologie" (ab 1997). Mit den Ergebnissen ist im internationalen Vergleich ein hoher Entwicklungsstandard erreicht worden. Dieser kann auch als Input in die Umsetzung der EU-Wasserrahmenrichtlinie gesehen werden. Das Vorhaben baut auf dem BMBF-Vorhaben der 80er Jahre „Erprobung von kombinierten Untersuchungsverfahren für den Nachweis und zur Bewertung mutagener Stoffe im Wasser" auf. Der Erfüllungsgrad des Vorhabens ist hoch; von einer Befragung der Projektnehmer (Koordinator) werden umfassende und repräsentative Aussagen im Bereich der aquatischen, subzellulären/suborganismischen Methodenentwicklung erwartet.
0339299A/4 0339299B/7 0339299C/0 0339299D/2	Entwicklung, Erprobung und Implementation von Biotestverfahren zur Überwachung des Rheins	1	Bei diesem Verbund handelt es sich um ein sehr stark anwendungsorientiertes Vorhaben, das eine aktuelle Fragestellung öffentlichen Interesses bearbeitet (Sandoz-Unfall). Im Vorhaben wurde ein Frühwarnsystem entwickelt; es werden aktuelle Empfehlungen zur Nutzung von Testverfahren gegeben; es werden Testautomaten entwickelt und zur Anwendungsreife gebracht. Ergebnisse fließen in die Arbeiten der IKSR ein; eine Nutzung im Zusammenhang mit der EU-Wasserrahmenrichtlinie ist zu überprüfen. Es wird von daher vorgeschlagen, auch dieses Projekt für die Projektnehmerbefragung auszuwählen, auch wenn bereits ein Verbundvorhaben aus der PF 3 einbezogen wird.
02WU9663/0	Entwicklung eines Fischtests zum Nachweis endokriner Wirkungen in Oberflächengewässern	2	Inhalte und Zielsetzungen dieses Vorhabens sind in den zur Befragung anstehenden Verbünden bereits abgedeckt.
0339281A/9	Entwicklung eines neuen Frühwarnsystems für starke Umweltbelastung durch Messung der Aktivierung definierter, universell vorkommender Stressgene bei ausgewählten Indikatororganismen	3	Die bearbeitete Thematik ist bereits im Vorhaben „Entwicklung, Erprobung und Implementierung von Biotestverfahren zur Überwachung des Rheins" abgedeckt, so dass eine Befragung keine zusätzlichen Informationen im Sinne der Projektbearbeitung liefern wird.

(b) terrestrisch

FKZ	Projekttitel	Prio.	Begründung
0339144A	Mobile Messtechnik zur Bestimmung biotischer und abiotischer Faktoren in terrestrischen Ökosystemen	1	Bei diesem Vorhaben handelt es sich um ein stark anwendungsorientiertes Vorhaben, in dem ein Messwagen eingerichtet wurde.
0339287A/4	Weiterentwicklung und ökologische Bewertung des Enchytraeen-Testverfahrens – Ableitung tatsächlicher Schadstoffwirkungen; Bedeutung Subtoxischer Belastungen für das Freiland	2	Die genannte Fragestellung wird in ähnlichen Vorhaben aufgegriffen. Der vorliegende Fall ist ein Beispiel für eine nicht erfolgte Umsetzung der Ergebnisse.
0339192A	Entwicklung und Anwendung von Analysenverfahren zur Metallspeziesanalyse durch Online-Kopplung von HPLC und ICP	3	Das Vorhaben befindet sich an der Schnittstelle zu anderen Förderschwerpunkten des BMBF und ist ausschließlich analytisch.

Projektfamilie 5: Chemikalienbewertung

(a) Industriechemikalien

FKZ	Projekttitel	Prio.	Begründung
07OTX19/3	Ökotoxikologische Bewertung von gentoxischen Effekten – dargestellt am Beispiel von Fischen	1	Es ist ein enger Bezug sowohl zum Förderschwerpunkt als auch zu Vorhaben in anderen PF gegeben, für die das Vorhaben eine sinnvolle Ergänzung darstellt.
07DIX07/8	Untersuchungen des atmosphärischen Eintrags polychlorierter Dibenzo-p-dioxine und Dibenzofurane in Futterpflanzen	2	Auch hierbei handelt es sich um ein Beispiel aus dem Bereich „Fate von Industriechemikalien". Das Vorhaben stellt kein repräsentatives Fallbeispiel für die Projektnehmerbefragung dar.
0339443A	Langfristige Auswirkungen des Stoffeintrages durch atmosphärische Deposition auf die Grundwasserbeschaffenheit des Festgesteinbereiches	3	Im Vorhaben wird die chemische Beschaffenheit des Grundwassers analysiert; es besteht kein unmittelbarer Bezug zur Ökotoxikologie, so dass das Vorhaben kein repräsentatives Fallbeispiel für die Projektnehmerbefragung darstellt.
OTX20/03	Erarbeitung von Qualitätssicherungsmaßnahmen für chemisch-analytische Verfahren zur Bestimmung von PAKs und PCBs in Böden und anderen Umweltmedien	4	Der ausschließlich chemisch-analytische Bearbeitungsschwerpunkt macht das Vorhaben nicht zur einem repräsentativen Fallbeispiel für die Projektnehmerbefragung.

(b) Pflanzenschutzmittel/Biozide

FKZ	Projekttitel	Prio.	Begründung
0339050A 0339050B 0339050C 0339050E 0339050F 0339050G 0339050H 0339050I 0339050K 0339050L	Verbundvorhaben: Untersuchungen zur Auswirkung eines langjährigen Einsatzes von Pflanzenschutzmitteln (Standort Ahlum)	1	Dieser größere Verbund bearbeitet die Auswirkungen von chronischen Belastungen nach Einsatz von Pflanzenschutzmitteln. Es ist sowohl Anwendungsorientierung als auch eine enge Verknüpfung mit der Pflanzenschutzgesetzgebung gegeben. Aus diesem Grund wird das Vorhaben als Fallbeispiel für die Projektnehmerbefragung ausgewählt.
0339038A	Untersuchungen zum Eintrag von Pflanzenschutzmittel-Rückständen in das Grundwasser im Rahmen zweier Großversuche unter günstigen und ungünstigen hydrogeologischen Umständen	2	Das Vorhaben ist stark auf die Thematik „Fate" ausgerichtet, so dass es nicht als Fallbeispiel für die Projektnehmerbefragung ausgewählt wird.

(c) Stoffgemische

FKZ	Projekttitel	Prio.	Begründung
07OTX16/0	Vorhersagbarkeit und Beurteilung der aquatischen Toxizität von Stoffgemischen – Multiple Kombinationen von unähnlich wirkenden Substanzen in niedrigen Konzentrationen	1	Das Vorhaben wird als Fallbeispiel zur Projektnehmerbefragung ausgewählt, da eine Vielzahl von Substanzen in niedrigen Konzentrationen untersucht worden sind, d. h. eine realistische Umweltsituation abgebildet worden ist. Es wird eine gute Aussagekraft, Anwendbarkeit der Ergebnisse und deren Umsetzung erwartet oder aber – falls keine Umsetzung erfolgte – eine aussagefähige Analyse warum nicht.
07OTX06	Vorhersagbarkeit und Bewertung der aquatischen Toxizität von Stoffgemischen – binäre Kombination von unähnlich wirkenden Substanzen unter Bedingungen akuter und chronischer Exposition	2	Die Inhalte und Zielsetzung des Vorhabens werden durch das mit Priorität 1 eingestufte Vorhaben mit abgedeckt. Von daher ist eine Auswahl als Fallbeispiel nicht sinnvoll.
07OTX04/0 07OTX04A/0	Etablierung und Anwendung eines kombinierten Testsystems zur Beurteilung der Toxizität umweltrelevanter Schadstoffe in Böden	3	Das genannte Vorhaben ist nicht ausgesprochen repräsentativ für die PF 7, sondern könnte auch anderen PF zugeordnet werden (die jedoch ihrerseits repräsentativere Vorhaben vorweisen).

Projektfamilie 8: Bodenschutz

(a) Bodenqualität (außer Altlasten)

FKZ	Projekttitel	Prio.	Begründung
0339208C	Untersuchungen der Mikropilzflora des Bodens und der Rhizosphäre unter dem Einfluss organischer Schadstoffe	1	Fragestellungen zur Analyse und Bewertung der Bodenqualität werden erst in den letzten drei bis vier Jahren im Rahmen der Umsetzung des BBodSchG bearbeitet. Bis dato lag der Schwerpunkt in der Bewertung von Chemikalien in Böden. Das genannte Vorhaben kann als einziges aus dem Förderschwerpunkt „Ökotoxikologie" (der ja definitionsgemäß einen starken Stoffbezug aufweist), der genannten Fragestellung zugeordnet werden. Auch wenn die Gesamtfragestellung wenig repräsentativ für den Förderschwerpunkt ist, sollte das Vorhaben als Fallbeispiel für „Randfragestellungen" ausgewählt werden.
0339312B	Erfassung ökologischer Konsequenzen von Herbizidanwendung und Verunkrautung im Raps und Entwicklung von Strategien zur Minimierung des Herbizideintrages in den Boden.	2	Das Vorhaben ist nicht repräsentativ für die genannte Projektfamilie.

(b) Bewertung von Stoffen in Böden

FKZ	Projekttitel	Prio.	Begründung
07OTX03/0	Entwicklung analytischer Methoden zur Erfassung biologisch relevanter Belastungen von Böden	1	Im Vorhaben wurden grundlegende Arbeiten zur Erfassung und Bewertung ökotoxikologischer Wirkungen von Stoffen in Böden durchgeführt. Das Vorhaben kann von daher als Fallbeispiel angesehen werden.
0339353A	Transfer von Dioxinen aus unterschiedlich stark Dioxin-belasteten Böden in Nahrungs- und Futterpflanzen	2	Das Vorhaben trägt aktuell zur Grenzwertfindung (Prüfwerteableitung für den Pfad Boden – Pflanze) bei. Da jedoch die Aspekte „Fate" und „Schutz des Menschen" im Vordergrund stehen, wird es nicht als Fallbeispiel herangezogen.
0339376A	Defizite im Kontext Bodenschutz und administrative Maßnahmen (Grundlagen einer Konzepterstellung der Bodenforschung und inhaltliche und instrumentelle Konsequenzen für das Konzept)	3	Das Vorhaben ist völlig untypisch – nicht nur für die Projektfamilie, sondern für den Förderschwerpunkt – so dass es nicht als Fallbeispiel ausgewählt wurde.

128

(c) Altlasten

FKZ	Projekttitel	Prio.	Begründung
07OTX08A/4 07OTX08B/7 07OTX08C/0 07OTX08D/2 07OTX08E/5	Bodenökologische Untersuchungen zur Wirkung und Verteilung von organischen Stoffgruppen (PAK, PCB) in ballungsraumtypischen Ökosystemen („Rieselfelder")	1	Das Vorhaben ist ein stark anwendungsorientiertes Vorhaben, das darüber hinaus einen Bezug zur Region Berlin/Brandenburg hat. Aus diesem Grund wird es als Fallbeispiel für die Projektnehmerbefragung ausgewählt.
0339510 0339510A	Diagnostische Methoden zur Abschätzung des Gefährdungspotenzials schwermetallbelasteter Böden – Charakterisierung der Bindungsstärke und Bindungsform.	2	Das Vorhaben ist ein stark chemisch-analytisch ausgerichtetes und von daher wenig typisch für den Förderschwerpunkt.

Projektfamilie 11: Maßnahmen

FKZ	Projekttitel	Prio.	Begründung
0339601	Verringerung der Bioverfügbarkeit von Schwermetallen in kontaminierten Böden durch Zugabe von Eisenoxid	1	Das Vorhaben ist sehr anwendungsorientiert; die erzielten Ergebnisse lassen sich gut verwenden. Jedoch ist das Projekt – trotz Anwendungsorientierung – für die PF Maßnahmen letztlich nicht typisch. Als Konsequenz wurde die PF grundsätzlich nicht betrachtet.
07UVB07/0	Schutzfunktion von Carotinoiden gegenüber phototoxischen UV-B-Schädigungen des Pflanzenstoffwechsels	2	Das Vorhaben befasst sich mit der Züchtung und Selektion resistenter Pflanzen; ähnliche – weniger maßnahmenorientierte – Vorhaben zum Thema UV-B-Strahlung wurden in die PF 1 eingeordnet.
07UVB03/6	Wirkungen und Wirkungsmechanismen erhöhter UV-B-Strahlung in Kombination mit den variablen Umweltfaktoren Temperatur und CO_2-Gehalt bei Nutzpflanzen	3	Auch bei diesem sowie dem folgenden Vorhaben handelt es sich um biotechnologische Vorhaben, die lediglich eine Randfragestellung behandeln. Aus diesem Grund werden die Vorhaben nicht als Fallbeispiele ausgewählt.
07UVB06/9	Auswirkungen erhöhter solarer und artifizieller UV-B-Strahlung, teilweise in Kombination mit erhöhter CO_2-Konzentration und/oder Temperatur auf Wachstum, Anpassung, Photosynthese und Ertrag von ausgewählten Nutzpflanzen und Kultursorten	3	Siehe voriges Vorhaben
02WU9442/0	Verhalten organischer Mikroverunreinigungen nach Eintrag in Grundwasserporenleiter	4	Der angegebene Titel ist irreführend; es wird ausschließlich die Ausbreitung von Verunreinigungen im Untergrund analysiert. Auch die eingesetzten Methoden unterliegen keiner Weiterentwicklung.

A.2 Gesprächsleitfaden für Fallbeispiel-Interviews

Bilanzierung des BMBF-Förderschwerpunkts „Ökotoxikologie"
Gesprächsleitfaden für Projekt-Fallstudien

Projekt:

Interview-Partner:
Titel:
Institution:
Bearbeitungszeitraum:
Datum des Interviews:

Projektidee

1. **Wie kam es zu der Projektidee?**
   - ausschließlich eigene Initiative
   - Anregung von sonstiger Seite (z. B. Partner, wissenschaftlicher Diskussionsstand, politische Aktivitäten)
   - entstanden in Diskussion mit dem BMBF
   - Anfrage des BMBF
   - Fortsetzung vorangegangener Untersuchungen
   - Ausschreibung/Förderprogramm des BMBF

2. **Woher kannten Sie das Programm?**

3. **Hätten Sie das Projekt auch ohne Förderung durch das BMBF durchgeführt?**
   ggf. in eingeschränktem Umfang, später, mit Förderung durch eine andere Stelle

4. **Hätte das Projekt auch von der EU gefördert werden können?**

Partner und Beteiligte

5. **Wurde mit Partnern zusammengearbeitet?**
   - Aus welchen Institutionen? Auch aus der Industrie?
   - Welche Vor- und Nachteile hatte die Zusammenarbeit?

- Bestanden mit den Partnern vorher schon Kontakte?
- Führte das Projekt zu längerfristiger Zusammenarbeit?
- Handelte es sich um interdisziplinäre Forschung, wenn ja, mit welche Disziplinen waren am Projekt beteiligt?

Ziele und Durchführung

6. **Bitte nennen Sie die wichtigsten Ziele, die Sie sich selbst bei diesem Projekt gesetzt haben?**
   - Über die in der Zielsetzung der Antragstellung hinausgehende
   - Ist die hier gegebene Zielsetzung ausschließlich die von Ihnen gesetzte? Inwieweit flossen Ziele der scientific community ein (nicht BMBF-Ziele!!) ?
   - Wären die Ziele aus heutiger Sicht andere?

7. **Welches waren die Ziele, die das BMBF mit dem Projekt verbunden hat?**
   - Bestand ein Bezug zum Förderprogramm?
   - Wenn ja: andere oder gleiche Ziele als im Förderprogramm angegeben? Welche genau? Warum handelte es sich um andere Ziele als Förderprogramm angegeben?
   - Wenn nein: ist die Zielsetzung durch Sie oder den BMBF formuliert worden?
   - Hat der BMBF die von Ihnen vorgeschlagenen Ideen/Ziele aufgegriffen oder geringfügig/stark modifiziert?

Anmerkung: zur Erleichterung der Beantwortung dieses Fragenkomplexes sind die wesentlichen Schlagworte der beiden Förderprogramme im Anhang zu diesem Gesprächsleitfaden aufgeführt.

8. **Wie würden Sie das Projekt einordnen?**
   - Grundlagenforschung
   - angewandte Grundlagen im Vorfeld zur Formulierung, Erweiterung oder Modifizierung von Umweltschutzzielen und Umweltstandards
   - Umsetzung

9. **Wie/wo/in welcher Form sollte die Umsetzung erfolgen?**
   - Umsetzung in freiwillige Selbstverpflichtungen
   - Umsetzung in Gesetzesvollzug/Verordnungen, Auflagen, Richtlinien
   - Beantwortung aktueller Fragestellungen von öffentlichem Interesse: Haben die Projekte bestimmten aktuellen Erfordernissen „zugearbeitet" (z. B. POP-Verhandlungen)?
   - Nutzung für betriebliche Umweltschutzziele
   - Nutzung der Innovation in einem Unternehmen oder einer Branche

10. **Wer sind die Zielgruppen (Anwender oder Nutznießer) des Projekts?**
    - Wissenschaft, Industrie, Behörden, Gesellschaft
    - Einzelakteure, Akteursketten entlang der Wertschöpfungskette oder regionaler Bezug?

11. **Gab es während der Projektlaufzeit Veränderungen an den Projektzielen oder den verwendeten Methoden? Traten Probleme auf? Worauf sind diese Veränderungen zurückzuführen?**
    Probleme: z. B. technische Probleme, Zeitverzögerungen, Weggang von Projektmitarbeitern, Schwierigkeiten mit Partnern, (eigene) neue Erkenntnisse, Ergebnisse anderer Forschergruppen, Änderungen in der Umweltpolitik, Fördermittel reichten nicht

12. **Wie stark hat das BMBF oder der Projektträger Einfluss auf die Projektinhalte und die Durchführung genommen?**

13. **Inwieweit wurden Sie durch BMBF und Projektträger unterstützt?**
    z. B. Antragstellung, Berichterstellung, fachliche Beratung, Hinweis auf geeignete Partner, Verbreitung/Veröffentlichung

14. **War die Unterstützung ausreichend oder welche Unterstützung hätten Sie sich außerdem gewünscht?**

Zielerreichung

15. **Welche Aktivitäten waren nach Abschluss des Projektes ursprünglich vorgesehen? Welche sind dann tatsächlich gelaufen?**
    - wissenschaftliche Veröffentlichungen und Vorträge, national/international
    - Veröffentlichung in der Presse
    - Präsentation im Internet
    - Patente
    - Anfragen, Kooperationsangebote
    - Fortsetzungsprojekt

16. **Welches sind die wichtigsten „Highlights" aus den Erkenntnissen?**

17. **Alles in allem: War das Projekt erfolgreich?**
    - Erkenntnisfortschritt, wissenschaftlicher Erfolg
    - innovativer Charakter
    - Beitrag zur Problemlösung im Umweltbereich
    - praktische Umsetzung
    - bedeutend für die technische Entwicklung

18. **Wie hoch würden Sie den Grad der fachlichen Erfüllung der Zielsetzung einstufen?**
Hinweis: Falls diese Frage bereits unter Frage 11 oder 17 beantwortet ist, ist eine weitere Beantwortung hier selbstverständlich nicht notwendig.

19. **Welche der wissenschaftlichen oder umweltpolitischen Arbeitshypothesen, die für den Beginn der Förderung zentral waren, konnten bestätigt und welche widerlegt werden?**

20. **Konnten die förderpolitischen Ziele des BMBF erreicht werden?**
Welche konnten nicht erreicht werden?

Anmerkung: zur Erleichterung der Beantwortung dieses Fragenkomplexes sind die wesentlichen Schlagworte der beiden Förderprogramme im Anhang zu diesem Gesprächsleitfaden aufgeführt.

21. **Worauf führen Sie den Erfolg des Projekts vor allem zurück?**
z. B. Projektthema, eigene Kompetenz, Partner, Rahmenbedingungen

22. **Ggf.: Welche Faktoren haben die Zielerreichung eingeschränkt oder verhindert?**

Wirkungen

23. **Welche Resonanz gab es auf die Ergebnisse?**
- Zufriedenheit bei BMBF/GSF
- Resonanz in der Öffentlichkeit
- Einbindung von Projektbearbeitern in die Fachberatung
- Umsetzung in anerkannte Messverfahren oder Bewertungsmethoden

24. **Wie würden Sie den Nutzen (wissenschaftlicher Erkenntnisfortschritt) des Projekts beschreiben und ggf. quantifizieren?**

25. **Führten die Ergebnisse auch zu einem wirtschaftlichen Nutzen?**

26. **Hatte das Projekt positive Auswirkungen auf Ihre eigene Arbeit?**
- z. B. Aufbau eines Schwerpunkts, Kompetenzgewinn
- Beschäftigt sich Ihr Institut weiterhin mit dem Thema des geförderten Projekts?
- Ist es ein Forschungsschwerpunkt in Ihrem Institut?

27. **Wie sind die erzielten Ergebnisse umgesetzt worden?**
   - aktiver Know-how-Transfer oder „passive Diffusion"?
   - Welche Fragestellungen sind von der Hochschulforschung, den Forschungen von MPI, DFG usw. und den HGF aufgenommen worden?
   - Welche regulatorischen Aktivitäten basieren auf den Ergebnissen der BMBF-Förderung? (Vorbereitung gesetzlicher Regelungen, Umsetzung von Gesetzen oder Auflagen, Formulierung von Umweltschutzzielen, Selbstverpflichtungen)

28. **Welchen Beitrag konnten die Ergebnisse zu den internationalen wissenschaftlichen Diskussionen leisten (insbesondere EU, USA, Japan)/Wie wird versucht, die Ergebnisse der Forschung, des Projektes in die internationale Forschung einzubringen?**

29. **Gab es einen Transfer der Ergebnisse in internationale politische Aktivitäten?**
   Eingang in internationale Behörden und Organisationen und deren Gesetze, Verordnungen, Guidelines und Empfehlungen (EU, OECD, UN-ECE, IPCS, IFCS)

30. **Wie wird versucht, Politikberatung durchzuführen?**

31. **Kommen den beabsichtigten Zielgruppen die Ergebnisse zugute?**
   Wissenschaft, Industrie, Behörden, Gesellschaft

32. **Welche Hemmnisse gibt es für die Anwendung?**
   Rahmenbedingungen haben sich geändert
   Ergebnisse nicht praxisnah genug

33. **Sollte die Verwendung der Ergebnisse vom BMBF stärker vorangetrieben werden?**

34. **Sehen Sie Umsetzungsmöglichkeiten der Ergebnisse in anderen als den geförderten Anwendungsfeldern?**

Forschungsbedarf, Förderung

35. **Wo besteht noch Forschungsbedarf? Wo sind essentielle Lücken offengeblieben?**

36. **Wie sehen Sie den Stand der Forschung in Deutschland bei der Projektthematik verglichen mit dem Ausland?**

37. Handelt es sich um typisch deutsche Themen oder Themen von internationaler Relevanz?

38. Wie beurteilen Sie das BMBF-Programm in der Förderlandschaft?

Für Fragen 7 und 21

Programm 1989:

- Risiken für belebte und unbelebte Natur durch Chemikalien erfassen und abschätzen, dafür Methoden und Verfahren zur langfristigen Trenderkennung bei der Schadstoffbelastung entwickeln
- Erkennen des Schädigungsgrades und Entwicklung von Therapiemaßnahmen
- Erfassung von Änderungen im Artenbestand
- funktionelle Störungen im Ökosystem (Verständnis der Funktion, Simulationsmodelle)
- Indikatoren zur prospektiven Bewertung der Belastbarkeit von Ökosystemen und automatisch einsetzbare Biotests
- ökologische Relevanz von Schadstoffeffekten
- Übertragbarkeit von Testergebnissen auf andere Ebenen im Ökosystem
- Kriterien und Anhaltspunkte für die Gefahrenbewertung
- Langzeitbeobachtungen zum Verbleib von Chemikalien
- Spezielle Aufgabe: vorbeugender Bodenschutz: Richtwerte der Bodenbelastung, Maßnahmen zur Vermeidung und Verringerung, Richtwerte für Summe der Stoffeinträge, Grenzwerte für Stoffeinträge aus allen Bereichen abstimmen
- Verbundforschungsvorhaben, Beteiligung der Chemischen Industrie angestrebt

Programm 1997:

- molekulare, biochemische und zelluläre Effekte auf den Einzelorganismus, biologische Schlüsselprozesse,
- Verständnis im ökologischen Kontext: Prozesse auf der biochemisch-zellulären Ebene haben Bedeutung für die höheren Ebenen der biologischen Hierarchie.
- Entwicklung neuer Konzepte, auch mit modernen „in vitro"-Techniken und biochemisch-molekularbiologischen Methoden (Biomarker, neue Konzepte für chronische Wirkungen)
- einfache und aussagekräftige Testsysteme, insbesondere im Hinblick auf chronische Effekte langfristig, gleichzeitig zahlreiche verschiedene Stoffe, Wechselwirkungen mit anderen Stressoren
- Projektförderung und institutionelle Förderung.

A.3   Fragebogen für die Projektnehmerbefragung

Fraunhofer Institut
Systemtechnik und
Innovationsforschung

**Befragung zu Projekten im
Förderbereich Ökotoxikologie des BMBF**

Bitte Zutreffendes ankreuzen ☒ oder mit Stichworten ausfüllen und den
Fragebogen bis ....2001 im beigefügten Freiumschlag zurücksenden.

Eine strenge Vertraulichkeit der Angaben ist sichergestellt, ebenso eine
Auswertung, die keine Rückschlüsse auf einzelne Projekte erlaubt.

Projekttitel:

BMBF-Förderkennzeichen:

1.	Wie kam die Projektidee zustande? (mehrere Antworten möglich)

  ☐ ausschließlich eigene Initiative

  ☐ entstanden in Diskussion mit dem BMBF

  ☐ Förderprogramm des BMBF

  ☐ Anfrage des BMBF

  ☐ Fortsetzung vorangegangener Untersuchungen

  ☐ Anregung von sonstiger Seite, z. B. Partner

2. Haben Sie sich die Ziele in diesem Projekt ausschließlich selbst gesetzt oder gab es
Einflüsse durch das BMBF oder den Projektträger? (nur eine Antwort)

  ☐ ausschließlich selbst

  ☐ etwas Einfluss durch das BMBF

  ☐ starker Einfluss durch das BMBF

  ☐ Ziele ausschließlich vom BMBF gesetzt – welche Ziele? ....

3. Hätten Sie das Projekt auch ohne Förderung durch das BMBF durchgeführt?
(nur eine Antwort)

  ☐ ja (BMBF-Förderung war eine hilfreiche Ergänzung,
aber nicht ausschlaggebend)

  ☐ nur in eingeschränktem Umfang oder später

  ☐ nur bei Förderung durch andere Stelle

  ☐ auf keinen Fall

4. Hätte das Projekt auch von der EU gefördert werden können?

  ☐ ja   ☐ nein

5. Wie würden Sie das Projekt einordnen?

  ☐ Grundlagenforschung   ☐ angewandte Forschung

  ☐ Umsetzung

6.	In welcher Form sollten die Projektergebnisse – während des Projekts oder später – umgesetzt werden? (mehrere Antworten möglich)
	☐ Gesetzesvollzug, Verordnungen, Auflagen, Richtlinien
	☐ freiwillige Selbstverpflichtungen
	☐ Beantwortung aktueller Fragestellungen von öffentlichem Interesse
	☐ Nutzung für betriebliche Umweltschutzziele
	☐ Nutzung der Innovation in einem Unternehmen oder einer Branche
7.	Wer sind die Zielgruppen (Anwender oder Nutznießer) des Projekts? (mehrere Antworten möglich)
	☐ Wissenschaft ☐ Industrie ☐ Behörden ☐ Gesellschaft

Fragen zur Projektdurchführung

8.	Traten während der Projektlaufzeit Schwierigkeiten auf?
	☐ große Probleme ☐ geringfügige Probleme —> **Frage 9**
	☐ keine Probleme —> **bitte weiter mit Frage 10**
9.	Falls es Veränderungen gab: Worauf sind sie zurückzuführen? (mehrere Antworten möglich)
	☐ technische Probleme ☐ Zeitverzögerungen
	☐ Fördermittel reichten nicht ☐ Weggang von Projektmitarbeitern
	☐ Schwierigkeiten mit Partnern ☐ Kritik/Einwände seitens BMBF/Projektträger
	☐ Änderungen in der Umweltpolitik ☐ Erkenntnisse anderer Forscher
	Sonstige Probleme, und zwar .....
10.	Wie stark hat das BMBF oder der Projektträger Einfluss auf die Projektdurchführung genommen?
	☐ stark ☐ etwas ☐ gar nicht
11.	Welche Fachrichtungen waren an der Bearbeitung des Projekts beteiligt? (mehrere Antworten möglich)
	☐ Naturwissenschaftler ☐ Ingenieure ☐ Techniker
	☐ Ökonomen ☐ Sozialwissenschaftler ☐ Kaufleute
	Sonstige, und zwar .....

12.	Wie hat Sie das BMBF oder der Projektträger – über die finanzielle Förderung hinaus – unterstützt?					
		stark	etwas	wenig	zu wenig	nicht nötig
	Antragstellung	☐	☐	☐	☐	☐
	Berichterstellung	☐	☐	☐	☐	☐
	fachliche Beratung	☐	☐	☐	☐	☐
	Hinweis auf geeignete Partner	☐	☐	☐	☐	☐
	Veröffentlichung	☐	☐	☐	☐	☐
	Anwendung der Ergebnisse, Umsetzung	☐	☐	☐	☐	☐

13.	Welche Unterstützung hätten Sie sich außerdem gewünscht?

	Zusammenarbeit mit Partnern
14.	Haben Sie im Rahmen des Projekts mit Partnern zusammengearbeitet? ☐ ja ☐ nein –> **weiter mit Frage 20** Wie viele Partner waren das? ....
15.	Aus welchen Organisationen kamen die Partner? (mehrere Antworten möglich)´ ☐ Anwender ☐ andere Unternehmen ☐ Hochschulen oder Fachhochschulen ☐ außeruniversitäre Forschungsinstitute Sonstige, und zwar .....
16.	Welche Vorteile brachte diese Zusammenarbeit? (mehrere Antworten möglich) ☐ zusätzliches Know-how ☐ Arbeitsteilung ☐ größere Anwendungsnähe ☐ Kostenvorteile Sonstiges, und zwar ..... ☐ keine Vorteile
17.	Welche Nachteile gab es bei der Zusammenarbeit? (mehrere Antworten möglich) ☐ aufwendige Koordination ☐ fachliche Unstimmigkeiten ☐ Zeitverzögerungen ☐ unzureichende Leistungen Sonstiges, und zwar ..... ☐ keine Vorteile
	Zielerreichung
18.	Alles in allem: War das Projekt nach Ihrer Meinung erfolgreich? ☐ in vollem Umfang ☐ überwiegend ☐ nicht zufriedenstellend
19.	Woran machen Sie den Erfolg fest? (mehrere Antworten möglich) ☐ Erkenntnisfortschritt, wissenschaftlicher Erfolg ☐ innovativer Charakter ☐ Beitrag zur Problemlösung im Umweltbereich ☐ praktische Umsetzung
20.	ggf.: Worauf führen Sie den Erfolg vor allem zurück? (mehrere Antworten möglich) ☐ Projektthema ☐ eigene Kompetenz ☐ Partner ☐ Rahmenbedingungen Sonstiges, und zwar .....
21.	ggf.: Was fehlte zum Erfolg?

22. Welche Aktivitäten waren nach Abschluss des Projektes ursprünglich vorgesehen? Welche sind dann tatsächlich gelaufen?

	ursprünglich vorgesehen	tatsächlich durchgeführt	läuft gerade	ist noch geplant
Veröffentlichung in Deutschland	☐	☐	☐	☐
Veröffentlichung international	☐	☐	☐	☐
Presseveröffentlichung	☐	☐	☐	☐
Präsentation im Internet	☐	☐	☐	☐
Patente, Gebrauchsmuster, Lizenzen	☐	☐	☐	☐
Anfragen, Kooperationsangebote	☐	☐	☐	☐
Fortsetzungsprojekt	☐	☐	☐	☐

Sonstige Aktivitäten, und zwar

......	☐	☐	☐	☐
......	☐	☐	☐	☐

Falls keine Aktivitäten gelaufen sind: warum nicht? (mehrere Antworten möglich)

☐ fehlende Zeit oder fehlende Mittel ☐ Ergebnisse nicht zufriedenstellend
☐ Thematik nicht mehr aktuell ☐ technische Probleme
☐ bei diesem Projekt nicht relevant

Sonstiges, und zwar .....

Auswirkungen des Projekts

23. Welche Resonanz gab es auf die Ergebnisse? (mehrere Antworten möglich)

☐ Zufriedenheit beim BMBF bzw. Projektträger
☐ Resonanz in der breiten Öffentlichkeit
☐ Resonanz in der „Scientific Community"
☐ Einbindung von Projektbearbeitern in die Fachberatung
☐ Umsetzung in anerkannte Messverfahren oder Bewertungsmethoden
☐ Eingang in Gesetzesvorbereitung oder -vollzug auf nationaler Ebene
☐ Eingang in internationale politische Aktivitäten

Sonstige Resonanz, und zwar

24. Kommen den beabsichtigten Zielgruppen die Ergebnisse zugute?

	ja	nein	war nicht Zielgruppe
Wissenschaft	☐	☐	☐
Behörden	☐	☐	☐
Industrie	☐	☐	☐
Gesellschaft	☐	☐	☐

25. Führten die Ergebnisse auch zu einem wirtschaftlichen Nutzen?

☐ ja ☐ nein

26.	Welche Hemmnisse gab oder gibt es für die Anwendung der Ergebnisse?
	☐ projektimmanente Gründe
	☐ Rahmenbedingungen haben sich geändert
	☐ Ergebnisse nicht praxisnah genug
	Sonstige Resonanz, und zwar
27.	Sollte die Verwendung der Ergebnisse vom BMBF stärker vorangetrieben werden?
	☐ ja ☐ nein, nicht gewünscht ☐ nein, nicht nötig
28.	Wurde oder wird versucht, auf der Basis der Ergebnisse Politikberatung durchzuführen?
	☐ ja ☐ nein
29.	Sehen Sie Umsetzungsmöglichkeiten der Ergebnisse in anderen als den geförderten Anwendungsfeldern?
	☐ ja ☐ nein
30.	Hatte das Projekt Auswirkungen auf Ihre eigene Arbeit? (mehrere Antworten möglich)
	☐ Kompetenzgewinn ☐ Aufbau eines Arbeitsschwerpunkts ☐ Renommee
31.	Wie sehen Sie den Stand der Forschung bei der Projektthematik in Deutschland verglichen mit dem Ausland?
	☐ in Deutschland höher ☐ im Ausland höher ☐ etwa gleich
	Anregungen, Wünsche, Bedarf
32.	Welche Wünsche haben Sie an die Förderung des BMBF oder an den Projektträger? Bitte notieren Sie Anregungen, Kommentare, Kritik etc. an dieser Stelle.

A.4 Anschreiben und Fragebogen für die Zielgruppenbefragung

(a) Anschreiben

Bilanzierung der Ergebnisse im BMBF-Förderschwerpunkt „Ökotoxikologie"

Zielgruppenbefragung

Das Fraunhofer-Institut für Umweltchemie und Ökotoxikologie in Schmallenberg sowie das Fraunhofer-Institut für Systemtechnik und Innovationsforschung in Karlsruhe führen zur Zeit im Auftrag des BMBF eine Evaluierung des Förderschwerpunktes „Ökotoxikologie" durch, in dem seit etwa 1970 ungefähr 200 Vorhaben gefördert worden sind. Zur Strukturierung dieser Forschungsförderung wurden Forschungsprogramme aufgelegt, in die die zu bearbeitenden Fragestellungen eingebettet waren/sind. Einen Überblick über die wesentlichen thematischen Inhalte der beiden aufgelegten Programme gibt die Anlage 1.

Ziel der hier durchgeführten Evaluierung ist es, die Wirkungen der BMBF-Förderpolitik im genannten Themenbereich durch Spiegelung der Ergebnisse der Vorhaben an Zielgruppen und Zielsetzungen zu analysieren. Die Untersuchung soll dazu dienen, Erfolge und Problemschwerpunkte, insbesondere bei der Anwendung von Forschungsergebnissen, zu erkennen und Entscheidungsgrundlagen für eine künftige Förderstrategie des BMBF zu liefern.

Die Evaluierung wird durchgeführt durch eine wissenschaftliche Erfassung aller Vorhaben seit 1986 (Erstellung einer Datenbank), durch eine breit angelegte Fragebogenaktion an alle Projektnehmer, durch eine spezielle Befragung von Projektnehmern ausgewählter Fallbeispiele sowie durch eine Zielgruppenbefragung.

Zielgruppen im Sinne der Evaluierung sind Akteure respektive Akteursketten, die die Ergebnisse der projektbezogenen Forschungsförderung im Schwerpunkt „Ökotoxikologie" nutzen; insbesondere:

- Umwelt**behörden** oder andere öffentliche Verwaltungen,
- Wirtschaftsunternehmen und -verbände,
- die Wissenschaft (vor allem bei Projekten der Grundlagenforschung und der Angewandten Forschung) und
- die Gesellschaft (Umwelt- und Verbraucherverbände).

Da sich die Mehrheit der geförderten Projekte nicht an einzelne, konkrete Akteure wendet, richtet sich die vorliegende Befragung an **Experten** und **Multiplikatoren**. Diese werden gebeten, soweit wie möglich Stellung zu nehmen zu

- konkreten, geförderten Projekten oder Projektgruppen

- allgemein zur Nutzung der Ergebnisse zurückliegender projektbezogener Forschungsförderung im Schwerpunkt „Ökotoxikologie"

- zu ihren Erwartungen, Vorstellungen und Vorschlägen hinsichtlich zukünftiger Aufgaben, Themen und ggf. Nischen dieser Form der Forschungsförderung im Bereich „Ökotoxikologie"

- zu möglichen Erfahrungen als Gutachter im Rahmen der Mittelvergabe und Projektbegleitung.

Zur Erleichterung und Strukturierung der vorliegenden Zielgruppenbefragung wurden zunächst Projektfamilien auf der Basis von etwa 90 Projekten definiert und entsprechende Projekte (Einzelprojekte oder Verbundvorhaben) jeweils zugeordnet. Möglicherweise sind einige Zielgruppen schwerpunktmäßig einzelnen Projektfamilien zuzuordnen, möglicherweise finden sich jedoch auch Zielgruppen in allen Projektfamilien wieder. Folgende Projektfamilien konnten – in Absprache mit dem BMBF – identifiziert und benannt werden:

- Grundlegende Mechanismen und Prozesse
- Allgemeine Bewertungskonzepte
- Methodenentwicklung; terrestrisches Kompartiment
- Methodenentwicklung; aquatisches Kompartiment
- Chemikalienbewertung; Industriechemikalien
- Chemikalienbewertung; Pflanzenschutzmittel, Biozide
- Chemikalienbewertung; Stoffgemische
- (Vorbeugender) Bodenschutz; Bodenqualität (außer Altlasten)
- (Vorbeugender) Bodenschutz; Bewertung von Stoffen in Böden
- Bodenschutz; Altlasten
- Maßnahmen.

(b) Fragebogen

Fragebogen Zielgruppenbefragung		
Name:		
Anschrift:		
Telefon:	Telefax:	E-mail:
Zielgruppe:		

Es ist selbstverständlich möglich – und sogar erwünscht –, zu allen Abschnitten des Fragenkatalogs Stellung zu nehmen. Dies ist jedoch eventuell dann nicht umsetzbar, wenn Ihnen beispielsweise konkret geförderte Projekte nicht bekannt sind. Um Ihnen die Beantwortung des Fragebogens von daher zu erleichtern, folgen zunächst einige Fragen, die Sie weiterleiten.

Es ist Ihnen selbstverständlich auch freigestellt, unabhängig vom vorliegenden Fragebogen Stellung zur projektbezogenen Forschungsförderung des BMBF im Themenbereich „Ökotoxikologie" zu beziehen.

1. Ist Ihnen der Förderschwerpunkt „Ökotoxikologie" im BMBF bekannt?
    ☐ Ja
    ☐ Nein: *Falls nein, bitte weiter mit Fragenkatalog Abschnitt 3*

2. Konnten Sie Nutzen ziehen aus respektive waren Sie fachlich beratend involviert in
    ☐ Konkrete Projekte oder Verbünde (*bitte weiter mit Fragenkatalog Abschnitt 1*)
    ☐ Themenschwerpunkte (*bitte weiter mit Fragenkatalog Abschnitt 2*)

3. Waren Sie als Gutachter in einem der angegebenen Bereiche tätig?
    ☐ Ja: *Falls ja, bitte weiter mit Fragenkatalog Abschnitt 4*
    ☐ Nein

4. Waren Sie an der thematischen Ausformulierung eines der genannten Forschungsprogramme beteiligt?
    ☐ Ja
    ☐ Nein

    Falls ja, bitte schildern Sie Ihre Erfahrungen. Bitte gehen Sie dabei insbesondere auf Ihre Erwartungen und die anschließende Umsetzung sowie den konkreten Nutzen ein. Konnte die von Ihnen erwartete Wirkung der Forschungsförderung für Ihren Bereich erzielt werden?
    Wenn ja: inwieweit; worin lagen die Ursachen für den Erfolg?
    Wenn nein: worin lagen Ihrer Meinung nach Ursachen für mangelnde Effizienz, Umsetzung und Misserfolg?

Abschnitt 1:
Stellungnahme zur Nutzung konkreter, geförderter Projekte oder
Projektgruppen in 1989 – 2000

1. Welche der genannten Projekte/Verbünde konnten von Ihnen genutzt werden?

2. Wurden andere als die genannten Projekte genutzt?

3. Wie beurteilen Sie die Ergebnisse?
    (z. B. innovativer Charakter, Beitrag zur Problemlösung im Umweltbereich, Bedeutung für die technische Entwicklung etc.)

4. Auf welche Weise konnten Sie die Ergebnisse nutzen?

4.1 Nutzung bei der *Vorbereitung* von Maßnahmen (insbesondere Verordnungen)

4.2 Nutzung bei der *Umsetzung* von Gesetzen und Auflagen

4.3 Nutzung der im Projekt erarbeiteten Grundlagen zur Formulierung, Erweiterung oder Modifizierung von *Umweltschutzzielen* und *Umweltstandards*

4.4 Ergebnisbindung durch Eingang in *internationale* Behörden und Organisationen und deren Gesetze, Verordnungen, Guidelines und Empfehlungen (EU, OECD, UN-ECE, IPCS, IFCS; welche? Hintergründe?)

4.5 Eingang von Ergebnissen in *freiwillige Selbstverpflichtungen*, z. B. von Branchen

4.6 Nutzung der *Innovation* in einem *Unternehmen* oder einer Branche und Auswirkungen auf die Verbesserung der *Wettbewerbsfähigkeit* und andere wirtschaftliche Indikatoren

4.7 Nutzung der im Projekt erarbeiteten Grundlagen zur Formulierung von betrieblichen Umweltschutzzielen

5. Wie sehen die Mechanismen der Wirkung der Ergebnisse im Einzelnen aus? Bitte beschreiben Sie

6. Liegen Multiplikator- und Nebeneffekte vor? (z. B. Spin-off auf andere Technikfelder)

7. Wie beurteilen Sie den Kosten-Nutzen-Aspekt (Verhältnis der Fördermittel zum Ergebnis)

8. Bitte geben Sie – falls möglich – allgemeine Kommentare und Statements zum vorliegenden Themenfeld ab

Abschnitt 2:
Allgemeine Stellungnahme zur Nutzung von Ergebnissen der projekt-
bezogenen Forschungsförderung im Schwerpunkt „Ökotoxikologie"

1. Welche allgemeinen Themenbereiche, eventuell „Projektfamilien" konnten von Ihnen genutzt werden?

2. Wurden andere als die genannten Projektfamilien genutzt?

3. Wie beurteilen Sie die Ergebnisse der BMBF-Forschungsförderung im Bereich „Ökotoxikologie"?
   (z. B. innovativer Charakter, Beitrag zur Problemlösung im Umweltbereich, Bedeutung für die technische Entwicklung etc.)

4. Auf welche Weise konnten Sie die Ergebnisse nutzen?
   (Bitte geben Sie *Beispiele*, ggf. *Projektbeispiele* oder *Beispiele* für *Themen-felder*, auf die sich Ihre Antworten beziehen)

4.1 Nutzung bei der *Vorbereitung* von Maßnahmen (insbesondere Verordnungen)

4.2 Nutzung bei der *Umsetzung* von Gesetzen und Auflagen

4.3 Nutzung der im Projekt erarbeiteten Grundlagen zur Formulierung, Erweiterung oder Modifizierung von *Umweltschutzzielen* und *Umweltstandards*

4.4 Ergebnisbindung durch Eingang in *internationale* Behörden und Organisationen und deren Gesetze, Verordnungen, Guidelines und Empfehlungen (EU, OECD, UN-ECE, IPCS, IFCS; welche? Hintergründe?)

4.5 Eingang von Ergebnissen in *freiwillige Selbstverpflichtungen*, z. B. von Branchen

4.6 Nutzung der *Innovation* in einem *Unternehmen* oder einer Branche und Auswirkungen auf die Verbesserung der *Wettbewerbsfähigkeit* und andere wirtschaftliche Indikatoren

4.7 Nutzung der im Projekt erarbeiteten Grundlagen zur Formulierung von betrieblichen Umweltschutzzielen

5. Wie sehen die Mechanismen der Wirkung der Ergebnisse im Einzelnen aus? Bitte beschreiben Sie

6. Liegen Multiplikator- und Nebeneffekte vor? (z. B. Spin-off auf andere Technikfelder)

7. Wie beurteilen Sie den Kosten-Nutzen-Aspekt (Verhältnis der Fördermittel zum Ergebnis)

8. Bitte geben Sie – falls möglich – allgemeine Kommentare und Statements zum vorliegenden Themenfeld ab

Abschnitt 3:
Erwartungen, Vorstellungen und Vorschläge hinsichtlich zukünftiger Aufgaben, Themen und ggf. Nischen dieser Form der Forschungsförderung im Bereich „Ökotoxikologie"

Bitte formulieren Sie vor dem Hintergrund der aktuellen umweltpolitischen und fachlichen Situation Ihre konkreten Erwartungen, Vorstellungen und Vorschläge hinsichtlich zukünftiger Aufgaben, Themen und ggf. Nischen der Forschungsförderung im Bereich „Ökotoxikologie".

Abschnitt 4:
Erfahrungen als Gutachter im Rahmen der Mittelvergabe und Projektbegleitung

1. Waren Sie bereits Gutachter im Rahmen der Mittelvergabe und/oder der Projektbegleitung?
   ☐ Ja
   ☐ Nein

2. Um welchen Themenbereich/Verbund/Projekt handelte es sich dabei?

3. Wie beurteilen Sie Ihre Erfahrungen

   Zum Beispiel:
   - Ist diese Form der Mittelvergabe objektiv?
   - Spielen (möglicherweise unterschwellige) Interessen einzelner Gutachter eine Rolle in Hinblick auf die Mittelvergabe?
   - Sollten bewusst aus verschiedenen Zielgruppen Interessensvertreter als Gutachter benannt werden?
   - Werden solche gruppendynamischen Prozesse ausreichend durch den BMBF respektive den Projektträger abgefangen und geleitet?
   - Könnten Sie Verbesserungsvorschläge machen? Ist eine höhere Objektivität notwendig und erzielbar?
   - Ist beispielsweise das Gutachterverfahren der EU (DG Research) als Vorbild zu nehmen?

4. Bitte beziehen Sie allgemein Stellung

TECHNIK, WIRTSCHAFT und POLITIK

Schriftenreihe des Fraunhofer-Instituts
für Systemtechnik und Innovationsforschung ISI

Band 27: M. Kulicke, U. Broß, U. Gundrum
Innovationsdarlehen als Instrument zur
Förderung kleiner und mittlerer Unternehmen
1997. ISBN 3-7908-1046-0

Band 28: G. Angerer, C. Hipp, D. Holland,
U. Kuntze
Umwelttechnologie am Standort Deutschland
1997. ISBN 3-7908-1063-0

Band 29: K. Cuhls
Technikvorausschau in Japan
1998. ISBN 3-7908-1079-7

Band 30: J. Fleig
Umweltschutz in der schlanken Produktion
1998. ISBN 3-7908-1080-0

Band 31: S. Kuhlmann, C. Bättig, K. Cuhls,
V. Peter
Regulation und künftige Technikentwicklung
1998. ISBN 3-7908-1094-0

Band 32: Umweltbundesamt (Hrsg.)
Innovationspotentiale von Umwelttechnologien
1998. ISBN 3-7908-1125-4

Band 33: F. Pleschak, H. Werner
Technologieorientierte Unternehmens-
gründungen in den neuen Bundesländern
1998. ISBN 3-7908-1133-5

Band 34: M. Fritsch, F. Meyer-Krahmer,
F. Pleschak (Hrsg.)
Innovationen in Ostdeutschland
1998. ISBN 3-7908-1144-0

Band 35: F. Meyer-Krahmer, S. Lange (Hrsg.)
Geisteswissenschaften und Innovationen
1999. ISBN 3-7908-1197-1

Band 36: B. Geiger, E. Gruber, W. Megele
Energieverbrauch und Einsparung in Gewerbe,
Handel und Dienstleistung
1999. ISBN 3-7908-1216-1

Band 37: G. Reger, M. Beise, H. Belitz
Innovationsstandorte multinationaler
Unternehmen
1999. ISBN 3-7908-1225-0

Band 38: C. Kolo, T. Christaller, E. Pöppel
Bioinformation
1999. ISBN 3-7908-1241-2

Band 39: R. Bierhals et al.
Mikrosystemtechnik –
Wann kommt der Marktdurchbruch?
2000. ISBN 3-7908-1250-1

Band 40: C. Hipp
Innovationsprozesse im Dienstleistungssektor
2000. ISBN 3-7908-1264-1

Band 41: U. Broß
Innovationsnetzwerke in Transformations-
ländern
2000. ISBN 3-7908-1287-0

Band 42: F. Pleschak, M. Fritsch, F. Stummer
Industrieforschung in den neuen Bundesländern
2000. ISBN 3-7908-1288-9

Band 43: Katrin Ostertag et al.
Energiesparen – Klimaschutz der sich rechnet
2000. ISBN 3-7908-1294-3

Band 44: U. Böde, E. Gruber
Klimaschutz als sozialer Prozess
2001. ISBN 3-7908-1317-6

Band 45: A. Hullmann
Internationaler Wissenstransfer und
technischer Wandel
2001. ISBN 3-7908-1413-X

Band 46: V. Peter
Institutionen im Innovationsprozess
2002. ISBN 3-7908-1462-8

Band 47: F. Pleschak u. a.
Gründung und Wachstum
FuE-intensiver Unternehmen
2002. ISBN 3-7908-1478-4

Band 48: H. Grupp u. a.
Das deutsche Innovationssystem
seit der Reichsgründung
2002. ISBN 3-7908-1479-2

Band 49: K. Blind u. a.
Software-Patente
2003. ISBN 3-7908-1540-3

Band 50: K. Menrad u. a.
Gentechnik in der Landwirtschaft,
Pflanzenzucht und Lebensmittelproduktion
2003. ISBN 3-7908-0021-X

Band 51: C. Nathani
Modellierung des Strukturwandels
beim Übergang zu einer materialeffizienten
Kreislaufwirtschaft
2003. ISBN 3-7908-0023-6